水蛭

SHUIZHI
YANGZHI
JISHU

养殖技术

◎ 谭雯 陈军 吴青林 编

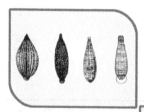

U0228906

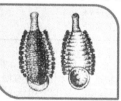

 化学工业出版社

·北京·

图书在版编目（CIP）数据

水蛭养殖技术/谭雯，陈军，吴青林编. —北京：
化学工业出版社，2015.1（2025.3 重印）
ISBN 978-7-122-22426-2

Ⅰ.①水… Ⅱ.①谭…②陈…③吴… Ⅲ.①水蛭-
饲养管理 Ⅳ.①S865.9

中国版本图书馆 CIP 数据核字（2014）第 279741 号

责任编辑：邵桂林　　　　　　　　　文字编辑：张春娥
责任校对：王素芹　　　　　　　　　装帧设计：韩　飞

出版发行　**化学工业出版社**
　　　　　（北京市东城区青年湖南街 13 号　邮政编码 100011）
印　　装　北京虎彩文化传播有限公司
850mm×1168mm　1/32　印张 6¾　字数 180 千字
2025 年 3 月北京第 1 版第 13 次印刷

购书咨询：010-64518888
售后服务：010-64518899
网　　址：http://www.cip.com.cn
凡购买本书，如有缺损质量问题，本社销售中心负责调换。

定　　价：**22.00 元**

水蛭养殖技术
SHUIZHI YANGZHI JISHU

前　言

　　水蛭，俗名蚂蟥、马鳖。在我国民间大部分地区把水蛭称为蚂蟥、肉钻子等。水蛭在动物分类学上隶属环节动物门，蛭纲，无吻蛭目，水蛭科，是一种具有多种药用功能的水生动物。水蛭与蚯蚓的亲缘关系较近，它们的身体都有许多环节构成，所不同的是，水蛭的每一体节又分为若干个体环，在它们的身体前端和后端各有一个吸盘，用来吸附、取食和运动。

　　水蛭是我国传统的名贵动物类中药材，以其整体入药，具有破瘀消肿、散结通经、消胀除积、逐出恶血、消炎解毒功效。水蛭体内的水蛭素是迄今为止发现的世界上最强的凝血酶抑制剂。随着人们对医药需求量的不断增加，人们对水蛭的需求量也逐年上升，但由于人们的盲目捕捉，特别是环境污染的日益加重，野生药用水蛭的数量急剧下降，远远不能满足医药及出口需求，人工养殖药用水蛭已成必然趋势。

　　人工养殖水蛭具有占地少、投资小、成本低、见效快、效益高等优点，而且养殖模式多样化，一年投入多年收益，适合农村水域条件充足的地区作为开发项目大力发展。

　　本书在较简要地介绍水蛭的价值、市场前景、生物学特性和药用价值的基础上，系统地介绍了水蛭养殖池和日光温室的构建，饵料及来源，水蛭的引种、繁育、饲养管理，病虫害防治以及采收、加工与利用等内容。重点对水蛭的养殖方法展开阐述，内容科学实用、通俗易懂，适合广大水蛭养殖户和养殖企业参阅。

本书在编写的过程中，参阅了一些相关资料，在此向原作者表示诚挚的感谢。

由于笔者水平有限，书中不足之处难免，恳请读者朋友指正为盼！

编者
2014 年 12 月

水蛭养殖技术
SHUIZHI YANGZHI JISHU

目 录

第5章 水蛭养殖池和日光温室的构建

第6章 水蛭生活的环境

第9章 水蛭饵料的人工培育

第10章　水蛭的病虫害防治

第11章　水蛭的捕捞、加工及销售

第1章

概　论

　　水蛭，俗名蚂蟥、马鳖。在我国民间，大部分地区把水蛭称为蚂蟥、肉钻子等，但在某些地区还有不同的别名，如蚂鳖、水麻钻、吸血虫、茶色蛭、医蛭等。水蛭在动物分类学上隶属环节动物门，蛭纲，无吻蛭目，水蛭科，是一种具有多种药用功能的水生动物。水蛭与蚯蚓的亲缘关系较近，它们的身体都有许多环节构成；所不同的是，水蛭的每一体节又分为若干个体环，在它们的身体前端和后端各有一个吸盘，用来吸附、取食和运动。

　　在全世界范围内，现已知的水蛭有 600 余种，无吻蛭目分为医蛭科和山蛭科，近 300 种。我国目前已知有水蛭 70 余种，其中分布最广、数量最多、药用经济价值最大的有 3 种，即宽体金线蛭、日本医蛭、尖细金线蛭。水蛭多数生活于淡水中，少数生活于海水或潮湿陆地。在它们进行自由生活的同时，又营暂时性的体外寄生生活。常可在水田、湖沼地区见到水蛭，吸食脊椎动物或无脊椎动物的血液，对人体或其他动物产生一定的危害。

　　水蛭入药，在国内外都有悠久的历史。水蛭是我国传统的名贵动物类中药材，以其整体入药，性平，味咸、苦，有小毒，具有破瘀消肿、散结通经、消胀除积、逐出恶血、消炎解毒功效，具有极高的药用价值。它的涎液中有一种抗血凝物质，称为水蛭素。水蛭素能抑制凝血酶的活性，对血液起抗凝作用。据记载，1 微克水蛭素能抑制 10 微克凝血酶，它是迄今为止发现的世界上最强的凝血酶抑制剂，能阻止纤维蛋白原形成纤维蛋白，从而抑制血栓的形成。

　　自古至今水蛭被人们作为一种祛病救人的良药，古代医学利用水蛭来吮吸外伤病人的脓血，达到清理瘀血的目的。如今在中医临床上多用于治疗经闭、症瘕腹痛、跌打损伤、瘀血作痛、漏血不止、心肌梗死、急性血栓、静脉炎、产后血晕等病症。近年来医学进一步研究证明，水蛭在防治心脑血管疾病和抗癌方面具有特效，用水蛭配制生产的治疗心脑血管疾病的中成药逐渐增加。目前已开发的以水蛭为原料的成品药已达60多种，主要用于治疗心脑血管疾病。

水蛭素还能使手术后经脉血管保持畅通，用于断肢（指）再植的术后辅助治疗。世界上许多国家的药物学家都纷纷利用水蛭开发多种药物，取得了良好的效果。如今，以水蛭为原料所开发的药物，已经投入批量生产，并广泛应用于临床。

目前，水蛭的医用和药用价值正在引起人们的广泛重视，其经济价值倍增。但由于人们的乱捕乱捉，特别是环境污染的日益加重，野生药用水蛭的数量急剧下降，人工养殖药用水蛭已成必然趋势。开展水蛭的人工养殖技术研究，对保护野生蛭类资源、开发我国药用动物品种都有重要意义。

1.1　水蛭养殖历史

水蛭在历史上一直靠自然采捕来满足市场供给。近年来，以水蛭为原料的中成药及保健品日益增多，然而大量生活、工业和农业污水的排入，农药、化肥等滥用造成天然水域污染，再加上捕渔滥捕，水蛭野生自然资源急剧减少，随着水蛭药用价值的深度开发，其市场需求潜力巨大，导致水蛭药材及药品价格不断攀升。为满足当今中医药对水蛭的大量需要，人工养殖药用水蛭已成必然。

传统中药使用的水蛭多以无吻蛭目为主。一般从野外捕回后，加工成整体的干品直接入药。古籍中还未发现有它的养殖记录。由于水蛭个体大、生长速度快，近年来随着对其生理特性等方面的深入研究，其人工养殖已取得了初步成功，减缓了市场需求与水蛭药材供给量之间的矛盾。我国南方在1995年前后，开始捕捞自然苗种，首次进行人工饲养，获得成功。北方地区因苗种和技术原因一直未有养殖。在许多地区人们开始驯养水蛭，但由于养殖人员对水蛭的习性及养殖技术了解不够，大多数水蛭养殖失败。这几年，我国的湖北武汉、河北邢台等地已有人开始试养宽体金线蛭，但成功率很低。因为金线蛭不同于一般的医蛭，不吸食人或其他脊椎动物的血液，而以淡水的软体动物如河蚌为主要食物，但由于养殖人员对宽体金线蛭的习性及养殖技术了解不够，大多数养殖也均告失败。所以要实现水蛭的规模化养殖并非易事。我们必须首先对其生物学特征有所了解，才能有所收获。为了促进水蛭的人工养殖，提高养殖技术水平，以下结合生产实践，介绍水蛭的生物学特性及养殖技术。

1.2　水蛭的药用价值

水蛭是一种国内外紧俏的名贵中药材原料，可以治疗跌打损伤、高血压、冠心病和肿瘤等。其药用价值决定了其未来的市场状况，从消费市场来看，我国是利用水蛭最早的国家，随着国内医学的发展以及对水蛭药用价值的进一步开发，水蛭的需求量与日俱增。另外，欧美消费市场很大，日本、韩国、东南亚各国也从我国大量进口水蛭，造成国内水蛭市场紧缺、价格上涨。

长期以来我国人民就把水蛭作为一种祛病的良药。水蛭作为中药始记于《神农本草经》中。此后各朝代对水蛭的医用都有不同的记载。梁代陶弘景的《名医别录》中把水蛭称为"马蜞"或"蚑"。明代李时珍编著的《本草纲目》中，对水蛭有详细的记载："水蛭名蚑、至掌。大者名马蜞、马蛭、马蟥、马鳖。气味咸、苦，性平，有毒。主治逐恶血瘀血月闭，破血症积聚，利水道。唖赤白游疹及痈肿毒肿等。"唐代之后的本草中还有草蛭、石蛭、泥蛭、马蟥、马鳖、红蛭、蚂蟥蛭等别名。所有这些名字，都是水蛭的俗称，在养殖或使用药用水蛭时应提倡使用其学名或中文名，以免发生错误。以后历代本草均有记述，如《本草衍义》、《本草拾遗》、《汤液本草》、《本草经疏》、《本草汇言》、《本草一百种录》等都记载了它的医药作用。近年《中华人民共和国药典》中也有详述。从汉代主用炮制品入药至今，水蛭仍被广泛地用作中药或中成药的原料，著名的中成药山海丹就有包括水蛭在内的中草药配制而成。

1986 年召开的全国活血化瘀学术会议上，水蛭被确定为 35 种活血化瘀的中药材之一。1987 年，中国科学院水生生物研究所水蛭课题组与湖北医学附属第三医院骨科协作，在我国首先应用医蛭治疗断指再植术后瘀血，成功数例，受到国内外广泛的好评。1989 年，红光制药厂以水蛭（宽体金线蛭、茶色蛭）为主要原料生产"脑血康口服液"一炮打响。

医蛭唾液中含有的多种活性物质正受到各国科学家的广泛重视，已成为动物资源利用的一个热门课题。水蛭在现代医学临床上多用于治疗跌打损伤、心力衰弱、多发性脑血栓、心肌梗死、高血压、急性血栓静脉炎等病症，且疗效显著。近些年，医学专家研究发现，水蛭素是目前世界医学上唯一的、最有效和最安全的天然凝血酶抑制剂，它对心脑血管类疾病的神奇疗效已引起了国内外医学界的强烈反响。

除了使用活水蛭吸取术后瘀血、使血管畅通外，医学上还用水蛭配其他活血解毒药，应用于治疗肿瘤。用活水蛭加纯蜂蜜制成一种注射剂，经结膜注射能治疗角膜斑翳初发期的膨胀性老年白内障。此外，除活体水蛭和利用水蛭加工成的药品可治疗多种疾病外，水蛭提取物还可制成美容药品。目前，国内以水蛭配制的中草药方有上百种，用水蛭配制而成的中成药也有 30 余种，如"通心络"、"脑心通"、"维奥欣"、"欣复康溶栓胶囊"、"韩氏瘫速康"、"活血通脉胶囊"、"舒心通注射液"等。由于上述的这些特殊医疗效用，使水蛭的身价倍增，并成为一种名贵的中药药品。近年来，我国已批准生产的以水蛭为主要原料的中药有十几种。

由于其在心血管病、肿瘤、肝病及外伤上的特殊疗效，中药配伍中水蛭的用量越来越大，每年达数百吨，价格也居高不下。1998—1999 年我国中草药市场上，水蛭干品的售价在每千克 70～180 元之间。随着环境的污染，农药、化肥的广泛使用和干旱缺水的影响，加之人们的乱捕乱捉，药用野生水蛭的数量将越来越少，售价也将越来越高。因此，养殖药用水蛭的市场前景非常看好。人工养殖水蛭，投资少，效益高，每亩（1 亩＝667 米²）养殖水面，可收获干品 200 千克以上，价值一万多元，是农村致富的一条好门路。

1.3 水蛭野生资源保护的紧迫性

我国野生水蛭主要分布于山东、江苏、河北、安徽、湖南、湖北、河南、江西等省，黑龙江、吉林、辽宁等地也有少量产出。药材水蛭分茶色蛭、宽体金线蛭、日本医蛭三种，这三种均可入药，以整齐、黑棕色、无杂质者为佳。现代医学研究表明，水蛭的主要成分是蛋白质，鲜水蛭的唾腺中含有一种抗血凝物质——水蛭素，由碳、氢、氮、硫组成，还含有肝素、抗血栓素等。国内外药学家纷纷利用水蛭开发各种药物，并广泛应用于临床，取得了良好的效果。

20世纪之前，我国供应医药市场的水蛭完全是野生品。过去水蛭作为一种中药材，从未有过匮乏之虑。野生药材资源的水蛭，虽然是一种再生资源，但它的生长强度和繁殖率不是无限的。当今以水蛭为主要原料的中成药，已投入大量生产、供不应求，仅国内每年就需数百吨。然而由于化肥、农药的普遍使用，加上近年来对水蛭掠夺性的捕捉，野生资源日益减少，远不能满足医药需要，货源奇缺，有价无货，因此不少地方已开展人工养殖。

1.3.1 水蛭野生资源紧迫性的原因

20世纪90年代初期，江苏是全国水蛭的大商品提供基地。江苏水蛭年产量以前一般在50～100吨之间，但近年普遍反映货源不足，由于数量的减少和需求的增多，水蛭收购价格一再攀升，目前市场价已达180～200元/千克，有时甚至到了有价无货的地步。进入21世纪后，人工养殖水蛭逐步开始，但因技术难题无法突破，产量极微，难以形成商品，市场继续依赖野生水蛭，但野生水蛭产量连年下降，水蛭资源已呈枯竭之势，远不能满足入药的需要。

现代医学研究与临床试验证明，水蛭含有水蛭素、肝素、抗血栓素等，其应用范围广泛，尤其对高血脂血栓病有着良好的治疗效果。应用水蛭开发治疗心脑血管疾病的新药、特药和中成药等已成为发展所需。据有关专业媒体报道，21世纪以来，我国千余家医药企业快速崛起，以市场为导向，以科技为先导，以创新为重点，研制开发生产了以水蛭为主要原料的新药、特药和中成药，总量已逾千种（规格）之上，所用水蛭需求量每年以 15％的速度递增。如溶栓胶囊、欣复康、活血通脉胶囊、逐瘀活血胶囊、步长脑心通、血栓心脉宁、通心络、活血通、脑血康、疏血痛注射液、抗血栓片、脑乐康等，这些药品投入市场后已成畅销品，全国各地医疗单位在治疗心脑血管疾病的处方中多采用水蛭，民间在治疗中风闭经、心绞痛、脑血栓等疾病中也将水蛭用于验方、偏方之中，水蛭用量连年增长。同时，我国近千家中药饮片生产加工企业还以水蛭为主要原料生产了几十种（规格）小包装、精包装、颗粒包装等中药饮片，成为药店的畅销品，年用水蛭超过百吨。市场调查显示，水蛭不但畅销国内市场，用量逐年增长，而且还是我国出口创汇的重要商品之一，水蛭及其产品出口量也在连年增长，主要出口到日本、韩国、欧美地区以及东南亚各国。据不完全统计，现在我国每年出口的水蛭及水蛭药品已超过 50 吨，出口量是世纪初叶的 10 倍左右。

市场调查显示，目前我国水蛭市场面临两极分化：一方面，医药市场（含外贸）对水蛭的需求不但不减，反而逆市而上，用量逐年增加，2011 年用量突破了 500 吨，是 20 世纪末期的 5 倍；另一方面，由于多种因素，从 2000 年到 2011 年的 10 年间全国水蛭产量呈逐年减少之势，由世纪初的 1000 吨左右减少到 2011 年的 300 吨左右，同比减少 100 吨，水蛭供需缺口高达 200 吨，缺口为历年最高。2011 年水蛭市场供需关系一增一减的两极分化状况，加剧了矛盾的尖锐化。

水蛭价格缘何连年上涨？这是业界人士普遍关心的焦点问题。现剖析如下，仅供参考。

（1）药用价值高，应用范围广　水蛭为环节动物水蛭科蚂蟥、水蛭或柳叶蚂蟥的干燥全体，是我国名贵中药材。水蛭具有祛瘀消肿、逐出恶血、消炎解毒等功效。我国对水蛭的药用价值认识很早，约在千年之前，在古医籍《神农本草经》、《本经》、《本草衍义》等中均有水蛭的记载。清代年间出版的《温病条辨》、《普济方》等书籍中都有水蛭治疗癥瘕积聚、血瘀经闭及跌打损伤等方剂。现代医学研究与临床试验证明，水蛭含有水蛭素、肝素、抗血栓素、组织胺样物质等，在临床上多用于治疗中风闭经、心绞痛、无名肿痛、跌打损伤、高血压、心力衰竭、多发性脑血栓、心肌梗死、急性血栓静脉炎、产后血晕、颈淋巴结核等疾病，尤其对高血脂血栓病有良好的治疗效果。水蛭的药用价值高，市场需求旺、行情好，养殖效益可观，市场前景广阔。水蛭作为一种名贵的中药材，其药用价值已被国内外医学专家所重视。国内外药学家纷纷利用水蛭开发各种药物，并广泛应用于临床，取得了良好的效果。

（2）需求连年增长，供需缺口扩大　由于水蛭的药用价值很高，应用范围广泛，水蛭及其产品销售份额增加，拉升国内、国外两个市场对水蛭的需求量连年增加。据一项统计资料显示，20世纪90年代末期，水蛭市场用量为100吨左右，进入21世纪第一年的2000年，市场用量猛增至180吨，之后水蛭用量每年递增20吨左右，一直递增到2008年，此后，水蛭用量每年递增30吨以上，当年增至340吨，2009年水蛭用量再增至370吨，2010年已增至400吨。

（3）水蛭资源枯竭，产量逐年下降　20世纪之前，我国供应医药市场的水蛭完全是野生品。进入21世纪之后，人工养殖水蛭逐步开始，但因技术难题无法突破，产量极微，难以形成商品，市场继续依赖野生水蛭，但野生水蛭产量连年下降，水蛭资源已呈枯竭之势。

1.3.2　水蛭资源枯竭的原因

水蛭资源枯竭的主要原因有以下几点。

（1）江河污染严重　水蛭生长于江河、湖泊、水溪、沟河及水田中，近年来，由于江河污染严重，稻田化肥农药的施用，导致水蛭难以繁衍和生长，大量死亡，部分产区已趋灭绝，每年因此减产30%以上。因而造成了水蛭资源越来越稀缺。

（2）生长环境改变　由于人类的多种经济活动，如大规模地开矿、建厂、开荒植树以及开发工业园区和旅游区等，使水蛭赖以生存的环境遭到严重破坏，导致水蛭无生存之地，目前主产区江河湖泊已少见成群的水蛭存在。

（3）各地滥捕滥捉　水蛭价格连年上涨，1 千克干品水蛭可以收入几百元，捕捞水蛭的收入大大超过生产粮食和蔬菜的收入。高利润、高收入刺激了产区广大群众捕捉水蛭的积极性，每当产新期，就会掀起捕捉水蛭高潮，长期以来，人们是在春、秋两季水蛭上岸产卵时进行捕捉，而此时正值水蛭产卵季节，人们捕捉到的有可能是未产卵的水蛭，导致水蛭无法再生和繁殖，严重破坏了水蛭的自然繁衍。而捕捉幼龄水蛭，也是造成水蛭资源枯竭的原因。

（4）用量大幅增加　由于老年人口的增多，患心脑血管疾病的人群逐年上升，以水蛭为主要原料生产的新药、特药和中成药数量与日俱增，所需水蛭原料已超过 20 世纪八九十年代的几十倍。欧美消费市场很大，日本、朝鲜、东南亚各国近几年也从我国大量进口水蛭，造成国内水蛭市场紧缺。

（5）人工养殖滞后　人工养殖水蛭已进行了 10 年，但技术难关始终不能突破，导致水蛭生长缓慢、死亡率增加，养殖成本提高，许多产区纷纷弃养，各地少见商品水蛭上市。

野生水蛭产量逐年下降，每年降幅 15% 左右，资源日趋枯竭，供给频频告急。水蛭需求增长，供给逐年减少，供需缺口连年加大，2004—2006 年水蛭供需缺口在 50 吨左右，2007—2008 年缺口增加至 100 吨左右，2009—2010 年缺口已升至 150 吨左右，2011年缺口已突破 200 吨大关。由于各地库存消耗殆尽，水蛭又无进口，水蛭供给已面临"内外交困"境地，造成诸多药厂"无米下锅"。

（6）水蛭没有进口　按照《中华人民共和国药典》规定，药用水蛭包括宽体金线蛭、茶色蛭和日本医蛭，而这三个品种是我国独有的。由于各地需求增大，水蛭使用范围广泛，水蛭又无进口，因此，水蛭资源更为珍贵和稀缺。

（7）价格连年上涨　市场需求在逐年增加，野生水蛭资源在逐年枯竭，各地库存供应乏力，供需缺口高达 50% 以上，这些因素是导致水蛭价格连年大涨的主要原因。据对全国 17 家中药材专业

市场调查显示，从 2000 年起，水蛭价格连年大涨，由 2002 年的
150 元升至 2003 年的 160 元、2004 年的 170 元、2005 年的 180
元、2006 年的 190 元、2007 年的 200 元、2008 年的 230 元、
2009—2011 年价格连续暴涨，2009 年暴涨至 380 元，2010 年再暴
涨至 740 元，2011 年已暴涨至 800～820 元。

综上所述，近几年来水蛭资源日益枯竭，不仅是因为人们的大
量捕捉，更重要的是水蛭的生存环境遭到破坏和污染。例如为了提
高作物产量而大量使用农药、化肥，河滩、沼泽地的大规模开发利
用，河流受工业废水和生活污水的污染，以及由于气候与自然条件
的变化导致黄河流域水面日益下降等原因，致使水蛭必需的生存环
境遭到了严重的破坏。因此，保护现有的水蛭野生资源已成当务之
急。而人工养殖就是要创造适应水蛭生物学要求的最佳生存条件，
让它尽快地增重个体和更多地繁殖后代。

1.4 水蛭人工养殖的市场前景

水蛭是一种名贵的动物中药材，在国际医学领域，水蛭的医用
价值正被引起广泛重视。据报道，水蛭体内含有多种药用成分，对
消除手术后引起的后遗症、防止血液过早凝固等都有重要作用，许
多国家的药物学家纷纷利用水蛭开发各种药物，取得了良好的效
果。目前，以水蛭为原料的药物，已投入批量生产，并广泛应用于
临床。

事实证明，临床用水蛭治疗血小板减少、脑血栓、颅内水肿、
卒中后遗症、骨质增生、高血脂、慢性阻塞性肺气肿等肺心病、肝
脾肿大、闭经、盆腔炎性包块及不孕症、输卵管积水、流行性出血
热、血管瘤、久咳不愈以及少精等男性不育症等均获良效。由于水
蛭的疗效广泛而确切，又被制药工业看中，已有以水蛭为主要原料
的制剂生产，用于治疗心、脑血管疾患。如今以水蛭为主要原料的
中成药，已投入大量生产，供不应求，仅国内每年就需数百吨。例
如河南省新乡县小冀镇新星制药厂开发的"活血通脉"胶囊每年就
用水蛭 60 吨以上，加上淇县、义马、新乡联谊制药厂等，河南省
一年就需要水蛭干品 100 吨。所以目前水蛭处于供不应求、价格上

涨的趋势，今年药材市场报价已达到每千克 150～180 元，还有上升的趋势。因此，水蛭的需要量越来越大。

我国传统的药用水蛭来源于自然捕捞，近年来由于大量使用农药、化肥及化学工业排污等对环境的污染，加上对水蛭的大量捕捉，导致野生资源锐减；水蛭的数量远不能满足医药需要，货源奇缺，有价无货。随着现代医学对水蛭研究的不断深入和发展，国内外对水蛭的需求量逐渐增大，并且随着人口老龄化的发展，心脑血管病人增多（高血压、心脏病发病率占人群的 2%～5%），加上人们对中药制品的偏爱，对水蛭的需求量进一步增加。

20 世纪全国医药市场对水蛭的需求量极少，年用量不到 30吨，价格很低，市场售价只有 5 元/千克，不为药厂、药市、药商和药农所重视。在 90 年代初，市场上每千克水蛭售价还只是 20 元左右，而到现在已升至 150 元。至入秋后随着货源减少，其价格陡升至 220 元以上。

进入 21 世纪后，由于药材市场所需，对水蛭的用量连年增长，水蛭价格也由每千克 2002 年的 150 元上升至 2011 年的 800～820元，水蛭已成为药市上的热点品种，步入紧俏药材的行列。

从今后医药市场发展分析来看，水蛭的紧缺状况短期内难以缓解，供需矛盾会越来越大。靠自然资源的再生，目前无法解决这一矛盾。为了弥补这一自然资源的短缺，保护珍贵而有限的野生资源，人工养殖水蛭势在必行。巨大的市场需求，为人工养殖水蛭营造了广阔的市场前景。

水蛭饲养规模可大可小，少则几平方米，多则几十平方米、几百平方米均可。每平方米水池可养 0.5 万～1 万条，成熟后可产鲜水蛭 50～100 千克，鲜活水蛭市场售价为 10～50 元/千克，干品为每千克 20～100 元，年获纯利 3000 元左右。成本只需几百元，各地可依据自身条件，以市场为导向开发养殖。

（1）如用池塘养殖，对一般农户来讲，建 2～3 个池塘。一般1 个 20 米² 的池塘可放养 2 万只水蛭苗。1 个池塘的建设费用大约在 5000 元，每条水蛭苗 0.1 元，2 万条价格为 2000 元。这样一个池塘投资 7000 元。3 个月之后，在确保不出现大的伤亡的情况下，按活水蛭每条 1 元计算，可产出 2 万元。是目前养鱼效益的 7～10 倍。

(2) 如用稻田养殖，根据自身的能力状况确定投入的大小。不需要太多的土地资源，一般 200 米^2 的稻田即可。每亩可投放 10 千克水蛭苗，水蛭生产周期短，每条水蛭每次产卵 60～90 个，9 个月可捕收成品 400 千克，价值 2 万元以上，饲养价值十分可观，确是一项新的有潜力的稳当的农村致富之路。

人工养殖水蛭简单易学，环境和技术要求不高。各地应抓住良机尽快开发养殖，以满足国内和出口需要。人工养殖水蛭作为一种新兴的淡水养殖项目，在养殖技术方面已基本成熟，可以作为致富之项目之一。而对于欲养殖者，务必事前要联系好收购单位。

前文已述，按照《中华人民共和国药典》规定，药用水蛭包括水蛭动物科宽体金线蛭、茶色蛭和日本医蛭。而这三个品种是我国独有的，没有进口。为弥补这一自然资源的匮乏，保护珍贵而有限的野生资源，人工养殖水蛭势在必行。水蛭的人工养殖不仅是为人类的健康保健做出贡献，而且不失时机地保护了野生种源，维护了生态平衡，这一特种养殖业，对繁荣地方经济、调整农业产业结构具有十分重要的意义。

1.5 水蛭人工养殖的可行性及经济效应

1.5.1 水蛭人工养殖的可行性

我国对水蛭的人工养殖，起步于 20 世纪 90 年代初期，但当时由于缺乏必要的有关水蛭的生态学和生物学知识，因而收效甚微。自 1995 年以后，才有了初步发展。由于人工养殖水蛭劳动强度小、饲养管理简单、饲料成本低、投资小、见效快，效益居水产养殖业之首，而且具有一次投资多年收益的特点，所以近几年来在全国北起黑龙江、南至云南的养殖户发展规模很大。

随着人类心血管发病率的上升，水蛭因其特含的水蛭素对心血管疾病的特殊疗效，吸引了众多药厂的目光，水蛭市场需求上升，而自然资源却在不断地枯竭，国内水蛭市场供应日趋紧缩，人工开展水蛭养殖已势在必行。

目前，药用水蛭的来源大多是自然生长的，尽快实现水蛭的人工养殖，是对水蛭深入研究和开发利用的重要课题之一。

（1）入药水蛭的质量　水蛭资源的质量是药用质量的前提。近年来，由于污染源的增加，一些水蛭生长的水域遭受污染，影响了水蛭的质量，有些从受污染严重的水域里采集的水蛭甚至根本无法入药。这样就有必要走人工养殖的途径，确保水蛭生长的水域不受污染，进而保证所采集的药用水蛭不含有害物质。同时，人工养殖可以选择并发展水蛭的最佳品种，众多资料表明，日本医蛭提取液的抗凝作用较强，养殖中则可大力发展日本医蛭，为药用提供足够的货源，以提高水蛭制剂的质量。

（2）活水蛭的临床医用提供保证　临床上，用活水蛭吸吮患部瘀血，在古今中外已不为罕事，人工养殖则能随时保证提供活水蛭用于治疗。在这方面，国外已有先例，英国早在十几年前就办起了水蛭繁殖机构——英国生物药物公司，1987年曾向世界20多个国家的医院和研究机构出售3万多条活水蛭，价值10万多英镑，现养殖的水蛭品种达14种6万多条。

（3）不失为农村科学致富的途径之一　养殖水蛭的经济效益可观，综合效益是同面积养鱼的3～5倍。

从动物学的角度分析水蛭的生活习性，可以看到，人工养殖水蛭简便易行，无需过高的条件或复杂的技术。

（1）种苗易得　水蛭为雌雄同体，每一条都能繁殖且繁殖率高，种蛭每年繁殖可达2次以上（华南地区），每次繁殖70余条，第二年繁殖倍数成几何级数递增。一次引种后其自然繁殖可保持连年生产，达到降低成本、提高效益的目的。

（2）水蛭对生活环境无特别要求　池塘、河沟均可，蛭类一般喜钙性水质，这种水质为我国普遍性的水质。规模也不限，大面积养殖和小面积庭院养殖均可，可稻田养殖，也可与草食、滤食性鱼混养。

（3）对气候适应性强　冬季水池干涸，可蛰伏于土中，体表细胞分泌黏液渐渐成为茧而包裹全身，度过旱季或严冬。因此，我国南北方都能养殖。

（4）对食物要求不高　在投放种苗时，一次投入相当的螺蛳，控制好水质，保护好安全即可。刚孵化的医蛭，到最初的冬眠，两星期喂一次，翌年一个月喂一次，第三年三个月喂一次，以后一年喂一次。一般腐肉即可。而且吸血蛭的吸血性与肉食性不能截然分开，因而喂养不复杂。至于不吸血蛭类，如饲养药用最多的宽体金线蛭则靠吸食水中的浮游生物、小型昆虫、软体动物的幼虫及泥面腐殖质为主，只需经常向水池中投放一些腐草、叶，以增加水中有机物质即可。水蛭饲料廉价易得，不需增氧且水蛭抗病力强，省水、电、工、力，一人可管理10亩以上。

（5）便于繁殖　蛭类的繁殖无需特殊条件，水蛭是雌雄同体，异体受精。水蛭的性成熟在第四年，繁殖季节大多始于春季饱食之后交配后，约一个月产卵。产卵季节在5～9月，这时分泌大量黏液，形成卵茧，落于水边的湿土中，水蛭的卵茧呈葡萄紫色，外表有蜂窝状海绵层，经15～30天后，幼蛭孵出，离茧后，幼蛭即能吸血或食物而生存，4～5年后发育为成体。

（6）耐污染能力强　有些蛭类对水体受铅、铜等污染有很强的忍耐力。有些水蛭甚至能把有毒物质分解为无毒物。这说明蛭类在环境污染与自净作用中，也能发挥自己的能力。当然，在人工养殖水蛭时，应注意保持好水体的洁净，切忌向养殖池中倾倒污染物，以保持水蛭的药用价值。

野生条件下的水蛭，只要有基本的生活环境，都可以生存并繁殖后代。据我国有关专家多年来的观察和研究，对水蛭的品种、习性、食性和繁殖方式都有了进一步的了解，并已摸索出了一套较为完整的饲养方案，能够确保水蛭人工养殖成功。水蛭食性杂、生长快，如对废鱼池稍加改造就可以养殖水蛭。一些符合要求的低洼农田、湖滨滩地也可进行人工养殖。人工开挖水蛭养殖池比造鱼塘要求低，土方开挖量少，是一项投资少、效益高的农村副业。

可见人工养殖水蛭投资不多，养殖技术也并不十分复杂，而且见效迅速。其成品国内市场需求量大，同时也是出口创汇的拳头产品。可以预料，水蛭的人工养殖作为一种在当前我国农业产业结构调整过程中发展起来的新兴产业，必将在各地蓬勃兴起。

1.5.2 水蛭人工养殖的经济效应

从项目操作收益来看，人工水蛭养殖在国内刚刚起步，具有规模的水蛭养殖场不多。养水蛭投资小，周期短，效益高。目前国内干水蛭每千克价值约 200 元，种水蛭高达 500 元，除供国内市场每年约 5000 吨的需求外，还可出口创汇。欧美国家每条水蛭价值达 6 美元，日本时常从我国进口活水蛭作吸脓血之用，因此，项目投入回报看好。

水蛭繁殖率高，成长快，从幼苗到性成熟一般需要 3 个月的时间，雌雄同体，但必须异体受精。5～6 月份产卵茧，每条水蛭全年产 6～8 个茧，每个茧可孵化出 25 条幼苗。幼苗采用工厂化养殖一般经 3 个月就能长成成品，上市销售。按目前市场的价格，活水蛭的价格近每千克 40 元。40 条活水蛭约为 1 千克，也就是活水蛭的价格近每条 1 元。饲养的数量越多，效益就越高。用明矾加工的干品价格为每千克 180 元左右，经自然晾干的干品价格在每千克 240～260 元。一般情况下，4 千克活水蛭可加工 1 千克干品，如果用明矾加工干品，160 条就可以加工 1 千克干品。任何投资都有风险，对于水蛭养殖而言，主要的风险在于是否能把水蛭顺利养大到出塘。水蛭在正常的养殖过程中基本不会出现伤亡，但会因人为及气候等情况造成伤亡，影响效益。

在不采取温室养殖的条件下，水蛭养殖周期基本为半年时间，气温下降，便采取自然越冬的方式。一个养殖周期结束时，水蛭最大个体可达 65 克，平均都在 35～50 克。2011 年养殖的水蛭已收获，鲜货亩产量达 600 千克，制成干制品每亩达 100 千克以上。目前行情为水蛭干制品市场收购价格每千克 180 元，纯干清水水蛭价格更高。水蛭养殖亩产值达 1.8 万元，纯收益每亩在 1 万元以上，综合养殖效益是同等面积的普通鱼类养殖的 5 倍以上，经济效益可观。以下介绍几例养殖水蛭的经济收入。

案例 1：

在常温养殖条件下 1 亩水面产水蛭干品 60 千克左右，饲养周期一年半以上。这里所说的水面是指实际养殖水体面积,并不是占地面积。一般农田开挖水蛭池,只有60%～70%是养殖水面,30%～40%是产卵平台。也就是说,1公顷地只有0.6～0.7公顷是水面。

现详细介绍亩投放种苗的经济效益投入产出情况。

(1)亩投放种苗30千克,每千克按60元计,苗种投入1800元。

(2)30千克种苗约1200条×每条年繁殖成活10条,共有12000条。

(3)按饲养周期一年半算(产茧孵化期和休眠期不计)每条重20克×12000条=240千克。

(4)240千克鲜品可晒60千克干品。

(5)目前市场价每千克干品130元×60千克=7800元。

(6)毛收入7800元。减除种款1800元、水田使用费150元和土方人工费200元、圈围材料费150元,实际较高的纯收入为5500元。此为一年半收入,非年收入,折合年收入3600多元。当然,到第三、第四年因不需购种投入,效益大些;如果养殖者自捕宽体金线蛭养殖,亩收入高者可达6000元。

(7)水蛭与鱼类立体混养。若水田开挖,可混养鲢、鳙鱼苗,规格3～5厘米,亩投6000尾左右,增鱼种150～200千克;若池塘养殖,可混养鲢、鳙鱼种,规格每千克6尾左右,亩投鱼种80～100千克,增成鱼300千克以上(切忌与鲤、青鱼等肉食性鱼类混养);由于水蛭与鱼苗或鱼种混养,饲养周期一年半(常温养殖),亩较好效益为8000～10000元。

案例2:

以目前养殖3333米^2(5亩)宽体金线蛭为例,介绍水蛭养殖的大致经济效益。租赁土地资金为0.3万～0.4万元,基地开挖0.4万元,防逃网0.25万元,大部分饵料可以自己养殖,初期需要购买,费用大约0.3万元,施用农家肥0.05万元,种蛭250千克约8万元,管理费用1.2万元,消毒0.02万元,水电费0.15万元,总计投资大约10万元。投资大小决定着养殖规模大小,其养殖效益不是看场地大小，而是看亩投放的水蛭种苗来确定，只有种蛭繁殖，幼苗长大，才可以增重。上市时，按亩产 50 千克，每千克 60 条，每条产 70 条幼蛭，每条幼蛭 10 克来计算，则年产量为 $60×50×70×10÷1000＝2100$ 千克，收获 30～40 千克干品，目前水蛭干品价格为 700 元/千克，减去基本费用和种蛭投资，第一年可以基本保本。如果坚持饲养，效益定会逐年增长。本文所介绍的效益仅供参考。

　　水蛭虽然生命力强，然而一旦水源被污染，极有可能"全军覆没"；水蛭虽然繁殖率高，但真正养殖成功并不容易，我国水蛭养殖尚处于研究阶段，技术还不成熟。水蛭主要有宽体金线蛭、医用蛭、茶色蛭 3 种。前一种我国绝大部分地区有分布，后两种黄河以南分布较多。茶色蛭形如柳叶。有些推广商把性猛嗜血的医用蛭和体大温和的金线蛭混为一谈，引种者要注意分辨。药市交易和人工养殖的主要是宽体金线蛭。此蛭在野生状态极易捕捉，晚春季节常于夜晚浮于水草或水边不动。

　　人工养殖水蛭要达到规模化、实现产业化，首先关键是开发优良品种，同时应用科学的生物繁殖技术来扩大水蛭优质种群的数量，尽快地把成熟的养殖技术推广到农村养殖户中去，引导广大农户依靠科学技术发展水蛭的人工养殖。

　　从风险规避方面来讲，水蛭饲养两年以上才有繁殖能力，20 克以下的最好不要引种，15 克以下的绝对不用，6 月份后不应引种，以免引进已排过卵的蛭或幼蛭，使当年不见效益。其次，引种户应到药材市场亲自考察了解，寻找可靠的合作伙伴，这是特种养殖的致富关键所在。

　　决定养殖水蛭前，需学习专业知识，这样才能做到有投入、有收入，避免盲目投入造成的经济损失。

第2章

水蛭的分布

2.1 水蛭的地理分布

蛭类生命力较强，在世界各地均有分布，在环境适应的地区都有它们的踪迹。在我国大部分省份有分布，但主要产于北纬 32°～38°之间的湖泊、河流中，这个范围最适合水蛭生长，特别是淮河以南的大江大湖流域分布很广，如江苏的太湖、洪泽湖、高邮湖、微山湖等。

水蛭是地球上比较古老的低等动物。从波罗的海沿岸捡拾到的嵌有水蛭遗骸的琥珀化石来分析，水蛭至少有4000万年到5000万年的历史。水蛭属于环节动物门，蛭纲，颚蛭目，水蛭科。蛭纲包括4个目，即棘蛭目、吻蛭目、颚蛭目和咽蛭目，适于人工饲养的是颚蛭目。

颚蛭目动物没有可伸缩的吻，咽头固定，口腔内具有3个颚板。体内没有真正的血管系统，由血体腔系统取代。血体腔液红色，有葡萄状组织。其生殖系统比较复杂，通常具有交配器官，卵茧内有蛋白营养胚胎。完全体节基本上由5环发展而成，水生或陆生。

水蛭除了生活在热带丛林里的山蛭和暂时离开水体到陆地去取食的种类外，大多数生活在淡水中，以在咸水里生活的最少，其种群数量又受到环境中理化因子和生物因子的影响。所谓医学蛭，是指与人类生活有着更加直接关系的那些种类，它们都属于无吻蛭目、医蛭形亚目。这些种类没有可伸缩的吻，咽头固定且有直咽，有颚或无颚，颚上一般有齿，通过吸食人、各种哺乳动物和低等脊椎动物以及水生软体动物、环节动物、昆虫幼体的血液或体液生存。

如上所述，水蛭绝大多数生活在淡水中，少数生活在海水或咸水之中，还有一些陆生和两栖的。例如医蛭类可生活在水中，也有营两栖生活，吸食多种动物的血液，主要吸食哺乳动物的血液；山蛭类主要生活于温湿的山区，在草丛或竹林上等候过往的宿主，吸食脊椎动物的血液。

水蛭中有以吸取血液或体液为生的种类，也有捕食小动物的肉食种类。个体最大的牛蚂蟥约33厘米长，为金线蛭，生活在长江中下游沿岸湖塘里。个体最小的寡蛭只有芝麻大，寄生在云南贡山上一种名为猫眼蟾的两栖动物上。蟹蛙蛭是我国特有种，它生活在浙江、福建山区溪流里的溪蟹体内。长江流域乌龟的颈部、四肢上寄生一种扬子腮蛭，当龟体离开水时间久了，这种腮蛭就会蜷缩成一个黑团，犹如死了一般，待龟回到水中，它又恢复正常活动。人们在稻田里常见的蚂蟥叫日本医蛭，以吸食人、畜、青蛙的血为生。我国海南岛和台湾山林里生活着一些山蚂蟥，常潜伏在草丛、树上。

除了日本医蛭吸人、畜血外，山蚂蟥也侵袭人类。云南、贵州高山和水里生活的一种鼻蛭在人、畜吸饮生水时，会迅速地钻进鼻腔或口腔里并附着到呼吸道的壁上。1980年2月，我国科学工作者在南极钓到三条鱼，它们身上竟有水蛭。蛭类中大多数种类营半寄生生活，有些品种幼时捕食，成年后过吸血生活。蛭类吸食的寄主往往是一类，而不是一种动物。如医蛭类水蛭对所有脊椎动物的血液都喜吸食。在陆地上，依靠前后吸盘的交替附着于身体的纵肌与环肌的收缩作尺蠖式移行，行动敏捷。幼蛭摄食浮游生物，不吸血时以小型昆虫、蠓虫、螺蚌的幼体为饵料，也吸食泥面腐殖质，食性较杂。水蛭吸食人畜血液时，吸盘中首先释放出抗凝血的水蛭素，顺利吸食寄主血液。

生物种群的存在，是自然界长期选择的结果。水流缓慢的小溪、沟渠、坑塘、水田、沼泽及湖畔，温暖湿润的草丛是水蛭栖息、摄食和繁殖的场所，酸性水质及湍急的河流没有分布。

一般可供药用的水蛭主要有三种，即日本医蛭（稻田吸血蚂蟥）、尖细金线蛭（茶色蛭）、宽体金钱蛭（扁水蛭）。

（1）日本医蛭 在我国分布很广，北起东北各省和内蒙古，西至四川和甘肃，南达台湾和广东。黑龙江、吉林、辽宁、内蒙古、河北、山东、山西、陕西、江苏、安徽、河南、湖北、湖南、江西、浙江、福建、广东、广西、贵州、云南、四川、宁夏、甘肃等地均有分布。

（2）尖细金线蛭 广泛分布于我国南方地区，河北、陕西、江苏、浙江、福建、台湾、江西、湖北、湖南、贵州、四川等地均有发现。

（3）宽体金钱蛭 在我国分布十分广泛，在许多省区均有发现，如吉林、辽宁、河北、内蒙古、宁夏、甘肃、陕西、山西、山东、江苏、安徽、浙江、江西、湖北、贵州等地。

在一定的温湿度条件下水蛭生命力旺盛。水流干涸后，有些种类可潜入底泥穴居、损失40％的体重也能生存。水蛭横向切断后能从断裂部位重新长成两个新个体。这是水蛭特有的再生能力。在野生条件下，从孵化出的幼蛭发育为成蛭，需要4～5年的时间。人工饲养条件下，由于饵料丰富，温湿度条件适宜，水蛭生长发育时间可明显缩短，一般只需要2～3年。

2.2 影响水蛭分布的环境因素

蛭类是淡水底栖无脊椎动物以及动物寄生虫的重要组成部分，其种群数量和生态分布都受到环境中理化因子和生物因子的影响，它们又与人类的生活有着直接或间接的关系。因此，可以将这类动物作为进行资源调查、水质评价和环境监测的对象，也可以利用敏感种蛭类对水中毒物的忍耐限度和反应状态为检出并测定各种毒物给水环境造成的污染寻找依据。现将影响蛭类分布的因素概述如下。

（1）食物 蛭类都以动物作为摄食对象，而且多数蛭类摄食几种动物，只有少数种类才以一种动物为食。医蛭属的种类虽然主要摄取哺乳动物的血，但也发现从蛇、龟、蛙甚至鱼体上吸血，因此能否取得所需食物是决定蛭类分布和数量的重要因子之一。作为食物的那些动物众多，蛭类的数量也愈多。

（2）底质　蛭类运动、摄食和生殖的重要器官是身体前、后端的吸盘，而像岩石、小鹅卵石、微管束植物或漂浮植物等固体基物又是蛭类吸盘固着的必要条件，也是许多蛭类繁殖的场所。现已经知道底质或基物不同，蛭类的密度也不同，一般说来，蛭类在岩石底上最多，其次是石子底、有植物的泥底和砂砾底、有碎岩的泥底、有贝壳的砂底和泥底，而在深水的淤泥中最少。

蛭类常常聚集在沿岸带的水生植物上，这些植物为它们的运动与产茧提供了固着的基物，也为它们提供了防御外敌的场所。在不同深度的水里，蛭类的种类和密度均不相同。蛭类的密度也受季节变化的影响。绝大多数的蛭类都适于在静水中生活而不适于在流水中生活，只有少数种类是流水里特有的。

（3）pH值　各种蛭类对水的硬度和酸碱度都有不同的适应范围和忍耐限度，因此它们又直接或间接地影响着蛭类的分布和数量。通常以每升24毫克和每升8毫克的钙浓度作为分界线将淡水湖与池塘分成硬水、中等硬水和软水3种类型。

绝大多数水蛭种类既可以生活在软水中，也可以生活在硬水中。在自然界，蛭类都生活在pH值范围很小的水体里，但是，同一个种在不同地区对pH值的适应范围和忍耐限度并不相同。这是由于长期适应环境或其他环境因子影响的结果。

（4）温度　温度对蛭类的生殖起着重要的作用，主要影响繁殖起始的时间，通常不到11℃蛭类不能繁殖，不同种类的水蛭对温度变化的敏感度也不相同，在夏季高温下，许多蛭类的活动、游泳、摄食、消化与吸收都十分旺盛，相反在冬季低温下这些功能大大减弱，甚至停止。可见温度直接或间接地影响着蛭类的代谢、生长、繁殖、运动以及分布。

大多数蛭类能长时间忍耐水中缺氧，而且几乎不受暂时无氧的限制。小的个体与大的个体相比忍耐能力差，温度愈高忍耐能力愈差，而且不同种之间也存在忍耐能力的差异。

（5）污染　目前，环境污染问题日趋严重。江河、湖泊受到工业废水、生活污水和垃圾的污染，水田也受到化肥、农药的残毒污染。由于有机污染能使一些敏感种蛭类无法忍受，以致使这些种类在数量上大大减少，这是导致药用水蛭减少的主要原因之一。但是，有些耐有机污染种却能在这种环境下大量繁殖。所有生活在有机污染带或亚污染带的耐污蛭类都摄食昆虫幼虫和小型甲壳这样一些直接与污染有关的无脊椎动物。

20 世纪 80 年代以前，许多种水蛭被当作害虫"吸血鬼"来消灭，采用了人工捕杀和农药毒杀。而今水蛭已成为评价湖泊、河流水质污染状况的指示动物之一。日本学者高桥章等提出利用水蛭的忍耐力和反应状态来鉴定水毒物的种类和浓度。

日本医蛭对 DDT（双对氯苯基三氯乙烷）有相当于某些蚊、蝇的耐药性，DDT 浓度大于 100×10^{-6} 时才能把它杀死。把医蛭放进浓度为 7.1×10^{-6} 的用 ^{14}C 标记的 DDT 溶液中 24 小时，结果表明有 16% 的 DDT 被其吸收。在日本医蛭的提取物中有 49% 的 DDT 脱氯化氢而成为无毒。鉴于这种情况，采集药用水蛭时应选择无污染、无化肥、无农药残留的水域，以提高其药用的质量。同样，养殖水蛭也应选无污染、无农药、无化肥使用的场地进行，否则会使养殖的水蛭因水质不适而外逃或造成大量死亡。

第3章

水蛭的形态特征

3.1 水蛭的分类

有关水蛭的分类系统各国专家的意见不一。根据我国水蛭研究专家杨潼教授等的分类系统，将水蛭分为4个亚纲：野蛭亚纲、蛭蚓亚纲、棘蛭亚纲、真蛭亚纲。

野蛭亚纲和棘蛭亚纲在我国还没有记录，在此不论述。蛭蚓亚纲在我国仅记载1目1科3属17种。蛭蚓的身体由头、躯干和肌肉性的尾吸盘组成。圆柱形的头由4个融合的体节组成，这些体节有时表面可以分割成环。没有口前叶，口被一背部的和一腹部的唇围绕着，而且在口内有一对几丁质的颚。躯干总是由11体节组成，而且体节通常被一横沟分割。尾吸盘由3个不分明的体节组成。水蛭生殖十分频繁，几乎终年不断地产卵，卵亦不断发育。卵有柄附于甲壳上，虫体形成后在卵膜内蠕动，出卵后立即附着，独立生活。每年4~6月末是产卵与活动高峰，冰雪的冬季数量减少。交配过程迅速，有大的受精囊，可以互相贮存对方大量的精子，以供卵子受精的需要。有在原地摇摆和头尾交替吸着两种运动方式，对鳌虾有强烈的亲和力，通常不轻易离开。食物分析证明，它们以水中小动物和单细胞藻为营养，而且观察到激烈蚕食小动物的过程，所以与鳌虾似为共生关系，但亦发现有以鳌虾体液为食的种类。

3.2 我国主要的药用水蛭种类

人工养殖前首先了解药用水蛭的种类及区别特征以防养错。水蛭种类较多，形态各异，而适用于我国人工养殖的药用种类较少，为选择适宜的药用水蛭进行人工养殖，应对水蛭的类别和分布有所了解。人们常说的药用"水蛭"、"蚂蟥"，属颚蛭目医蛭科，也称为水蛭科。由此可见，并非所有的蛭类（蚂蟥）都可入药治病，也并非所有的吸血蛭都可入药。

医学蛭类的种类较多，在临床上应用的主要有黄蛭科金线蛭属的宽体金线蛭、尖细金线蛭（又称柳叶蛭或茶色蛭）和医蛭属的日本医蛭3种。其他品种皆不可入药，因而也不能盲目引进。其中最有养殖价值的是宽体金线蛭，在中药材中用量最大，其是目前我国中草药市场上经营的主要产品。为便于养殖、采集和加工，在此把它们的主要区别特征简述如下。

（1）日本医蛭

别名：日本医水蛭、水蛭、稻田医蛭、蚂蟥（图3-1）。

图3-1 日本医蛭

日本医蛭为无吻蛭目医蛭科医蛭属水蛭，体狭长稍扁，略呈圆柱形，在正常体态时头部宽度小于最大体宽，中段稍后最为粗大。其体型中等，体长30～60毫米、宽4～8毫米，背面黄绿色中带黑，有黄色纵线5条，以中间一条最宽和最长。黄白色纵纹又将灰绿底色分隔成6道纵纹，以背中两条最宽阔，背侧两对较细。由于背中一对灰绿纵纹的内侧绕有密集的黑褐色斑点相衬托，故而较明显。灰绿色纵纹在每节中环上较宽且色淡，因此看上去似由断续的棒状纹组成。体背侧缘及腹面均为黄白色，而在腹侧缘又各有一条很细的灰绿色纵纹。体分 27 节，103 环，环带不显著。雌雄同体，雄生殖孔在 31～32 环沟间，雌孔在 36～37 环沟间，眼 5 对，列成弧形。体前端腹面有一前吸盘。食道纵褶 6 条，颚 3 片，半圆形，颚齿发达。肛门在其背侧。尾吸盘碗状，朝向腹面，其背面有延伸的体背条纹。

日本医蛭生活于水田及沼泽中，主要吸食人、畜血液，鱼类、蛙类也可以是它们的取食对象。吃饱以后，身体体积约是原来的 9 倍。日本医蛭能作波浪式游泳和尺镬式移行。春暖时即活跃，异体交配，5～6 月为产卵期，产卵温度 19.2～21.3℃，卵茧多产于田埂边或水池的泥土内。日本医蛭冬季蛰伏，进入排水沟中，或就地钻入比较松软的土内越冬。再生力很强，如将其切断饲养，能由断部再生成新体。日本医蛭全国各地的水田及沼泽均有分布，主要吸食人、畜血液，也可以取食鱼类、蛙类。其在我国河南省资源丰富。血源（如猪、禽血）方便的地方可养殖这种水蛭。

（2）宽体金线蛭

别名：马蛭、宽身金线蛭、宽体蚂蟥、蚂蟥（图 3-2）。

图 3-2　宽体金线蛭

宽体金线蛭为无吻蛭目黄蛭科金线蛭属的水蛭。在我国分布较广，是各种水域中常见的水蛭。它的体型较大，略呈纺锤形，扁平，体长 60～130 毫米，体宽 13～20 毫米，最长 250 毫米，最宽 40 毫米。体前端较尖，前吸盘较小，后吸盘相对较大，两者相差明显。

背面通常暗绿色，具有 5 条细密的黄黑色斑点组成的纵线，背中线一条较深。腹面淡黄色，此黄色部分是由各体节中间环上的圆形斑点构成，杂有许多不规则的茶绿色斑点。腹面体侧以及中间共有 9 条断断续续的黑色纵纹。体环数 107 环，环带明显。节的背面可见 4 环，腹面仅有 3 环。体中部完全体节各有 5 环。雄生殖孔在 33～34 环沟间，雌孔在 38～39 环沟间，雌雄同体，眼与日本医蛭相同，前吸盘小，眼 5 对，排列在第 2、3、4、6、9 环上。口内有颚，颚齿不发达，颚上有两行钝的齿板。射精球细长，贮精囊不发达，常附于射精球的下面的阴茎囊相当粗大。

宽体金线蛭生活于水田、河流、湖沼中。不吸血，吸食水中浮游生物、小型昆虫、软体动物的幼虫，冬季在泥土中蛰伏越冬，产卵期在 5～6 月份。我国大部分地区有分布，河南省资源丰富。

(3) 尖细金线蛭

别名：茶色蛭、柳叶蛭、尖细黄蛭、秀丽黄蛭、秀丽金线蛭（图 3-3）。

体较宽体金线蛭小，柳叶形，故称柳叶蛭，体长 28～58 毫米、宽 3.5～6 毫米，最大个体为 86 毫米×7 毫米。身体前段 1/4 尖细，后半部宽阔。背部棕绿色或茶褐色（近于茶色故又称茶色蛭），有 5 条黄褐色或黄绿色斑纹组成的纵纹，这些纵纹的周围有黑色素点，其中以中间一条纵纹最宽，而且比医蛭的背中纹相对宽得多，此背中纹两侧的黑色素有规则地膨大成约 20 对新月形的黑褐色斑点，而且有时前后各对互相联结起来，形成中线两侧的两条波浪形斑纹，这是本种在外形上最明显的特点。身体两侧各有一条黄色的纵带。体分 105 环，眼 5 对。雄性及雌性生殖孔分别位于第 35 及 40 环的中央。肛门位于第 105 环的背面。阴茎囊长达 4～5 体节。

其他特征近似于宽体金线蛭。

图 3-3 茶色蛭

尖细金线蛭生活于水田和湖沼中，以水蚯蚓和昆虫幼虫为食，但其喜欢吸食牛血，俗称牛蚂蟥。5～6 月份产卵，深度 20 厘米以内的松软湿润土壤中卵茧最多。分布在华北以南的水田和湖泊中。

在药用水蛭中，以宽体金线蛭的销量为最大。目前，我国推广人工养殖的也是这一品种。优良的宽体金线蛭品种应具有以下特征：个体较大，背面绿色较浅（颜色深的品种一般有所老化），体格健壮，较厚实，肌肉发达，刺激后能马上缩成团，手握，有弹性，放开后，活动能力强。没有外伤，表面光滑，体表黏液丰富，在水中游动迅速，能很快找到遮阴场所。引种时一定要仔细挑选。用于作种繁殖的种水蛭，年龄最好在 2 年以上，体重 15 克左右，体质健壮，活泼好动，用手触之即迅速缩为一团。这样的水蛭怀卵量多，孵化率高。水蛭雌雄同体，无公、母之分，所以每条水蛭都能产卵繁殖。具有如上特征的水蛭才能生长快，抗逆性强，经济性状稳定，成活率、产卵、孵化率也高。为了便于人工养殖及采集，现将此 3 种水蛭的生态特征及区别列于表 3-1 中以供参考。

表3-1 药用三种水蛭体态明细区别表

项目 \ 品种	宽体金线蛭	尖体金线蛭	日本医蛭
生活环境	水田、河流、湖泊	水田、湖泊	水田、沼泽
食性	不吸血只吃水中浮游生物、昆虫、软体动物	水蚯蚓、昆虫、幼虫	人血、畜血,食鱼、蛙类血
体型	体长大呈扁平,纺锤形	较前者小,呈柳叶形	体狭长稍扁,略呈圆柱形
体长/毫米	60～130	28～58	30～60
体宽/毫米	8～20	3.5～6	4～8
背色	暗绿,有5条细密、黄黑色斑点相间组成的纵线,背中一条较深	棕绿或褐色,有5条黄褐或黄绿斑纹相同的纵纹,中间较宽	黄绿色带黑色,有5条黄色纵线,中间一条较宽,纵纹两侧有密集的黑褐色斑点
腹色	淡黄色夹杂许多不规则茶绿色斑点	体两侧各有一条黄色纵条	腹部平坦,暗灰或淡黄褐色,无杂色斑纹
眼	5对排列成弧形	5对	5对成弧形
体环数	体环107节明显	105节	体分27节,103环,环节不明显
♂生殖孔	33～34节之间	35节中央	31～32节环沟内
♀生殖孔	38～39节之间	40节中央	36～37间环沟
肛门	后端背面	后端105环背面	后端背侧
吸盘	前后各一,前面的小	前后各一	前后各一

3.3 一般水蛭的形态

水蛭体长在1～30厘米之间,多数水蛭的体长在3～6厘米。体表呈黑褐色、蓝绿色甚至棕红色,表面有条纹或斑点。水蛭体节数目固定,表示它们的亲缘关系相近,特异程度较高,但常被体表的分环所掩盖。

蛭类主要是通过体表进行气体交换,即皮肤呼吸。其皮肤中有许多毛细血管可与溶解在水中的氧气进行气体交换。离开水时,在潮湿环境中，其表皮腺细胞分泌大量黏液于身体表面，结合空气中游离的氧，再通过扩散作用进入到皮肤血管中。极少数的蛭类是用鳃呼吸。

蛭类一次取食后可以于数月内不再取食，医蛭甚至可以生存1年半而不取食。蛭的排泄系统对维持身体的水分及盐分平衡也有重要作用。在干燥环境中，即使表皮分泌大量的黏液也不能有效地控制水分的丧失。如医蛭在相对湿度80％、温度22℃时，经4～5天体内水分减少到20％再下去就要死亡，一旦放回水中，又可复活。

（1）外形　水蛭一般体长而扁平，前端较细，体呈叶片状或蠕虫状。体型可随伸缩的程度或取食时的多少而变化。身体分节，体有百余环，有27个体节，每个体节由5环组成。前端和后端的几个体节演变成吸盘，具有吸附和运动的功能，后吸盘较大，呈杯状，前吸盘较小，围在口的周围。口位于前吸盘的中央。蛭类的体节数目少而固定，它们的身体由口前叶加上33个体节，共有34个体节组成。由于末7节愈合成后吸盘，因此一般可见27节。每体节又分为几个体环。在小吸盘的背面有5对眼点，从第7节开始，每节有排泄孔一对，除第一对位于第7节第一体环外，其余部分均在各节第二体环上，肛门位于最末两环的背面。生殖环带在10～13节，雌性生殖孔位于12节腹面，雄性生殖孔位于11节腹面（图3-4）。

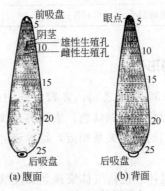

图3-4　水蛭的外部形态

水蛭的头部不明显，在头背方有眼点数对，它们的数目位置和形状是鉴别种类的依据（图3-5）。

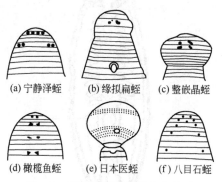

(a) 宁静泽蛭　(b) 缘拟扁蛭　(c) 整嵌晶蛭

(d) 橄榄鱼蛭　(e) 日本医蛭　(f) 八目石蛭

图3-5　不同蛭类眼的数目和排列

（2）消化系统　水蛭的消化系统很特别，其消化系统由口、口腔、咽、食道、嗉囊、肠、直肠和肛门等八部分组成（图3-6）。口位于前吸盘之底与口腔相连，口腔通入咽，咽周围为单细胞的腺体。这些腺体的小管一部分开口于口缘，另一部分从特殊的管道直接通颚，颚上有许多小细齿，可咬破宿主的皮肤以吸血或取食。咽为肌肉质，可吸宿主的血液或体液。咽壁上具有单细胞的唾液腺，能分泌水蛭素，抑制宿主血液的凝固，以利吸血（图3-7）。食道很短，其后连一发达的嗉囊，嗉囊西侧有11对盲囊，末1对很长，医蛭的嗉囊从前到后逐渐伸展，最后一对侧袋一直延长到身体的末端，分别排列于肠道的两侧。嗉囊不具消化功能，仅作为储藏已取得的食物。嗉囊容量很大，占消化道的大部分，嗉囊发达是水蛭的特征。嗉囊是贮存血液和体液的地方，因嗉囊容量大，故吸血量可超过其体重的6倍，可供其胃肠几个月的消化之用。嗉囊通到一个短的胃，食物在胃内进行消化和吸收。胃的内壁有螺旋形的皱褶可以扩大吸收表面，消化作用在胃管内进行。胃管连接小肠，小肠具有消化和吸收的功能。小肠之后为直肠，直肠以肛门开口于体外。蛭类的肛门开口于后吸盘内，宽体金线蛭一般不吸食人或其他脊椎动物的血液，而取食软体动物、水生昆虫的体肉或体液，有时也吸食泥面腐殖质。

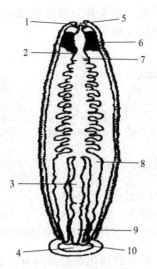

图 3-6　水蛭的消化系统

1—颚；2—食道；3—肠；4—后吸盘；5—口；6—唾液腺；

7—嗉囊；8—嗉盲囊；9—直肠；10—肛门

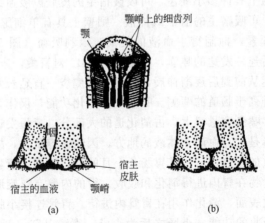

图 3-7　水蛭的颚及取食图

上图：水蛭的颚；

下图：颚切破皮肤（a）和咽扩张吸血（b）

医蛭的取食有三个特点：①能在宿主未察觉的情况下，从宿主体上吸吮大量的血液，这是由于它有锐利的、精细的切割皮肤的工具——带齿的颚，并在切割时能施行局部麻醉。②吸入的血液不会在水蛭本身的消化道内凝固。这不仅是由于血液一凝固，就不利于消化和吸收，更要紧的是，我们知道水蛭运动时，身体忽而短粗、忽而细长，如果体内有一团凝血，势必无法行动。③一系列的研究表明，医蛭的肠道内无任何蛋白水解酶，所以消化的机能可能完全由共生菌承担。

当医蛭用颚上的齿弄破宿主的组织时，唾液腺立即分泌一种液体进入伤口。早在19世纪末，已经在医蛭头部的提取物中发现有一类强有力的抗凝固素，并且命名为水蛭素。伤口流血不止，一般人认为是水蛭素的作用。但是，有人从这样的伤口收集血液，发现血凝速度是正常的，并发现在医蛭的头部还含有一种能够扩张血管的类组胺化合物，可能正是由于伤口内注入了这种物质而造成流血不止。这样，水蛭吸血液就分成两步，第一步是割开皮肤，注入类组胺化合物；第二步是吸入血液，而当血液流经颚间时，混入了含有水蛭素的分泌物。可以得出这样的结论：所有吸血的水蛭都产生抗凝血物质，但并不都把这种物质注入宿主的伤口。据试验，只要0.5毫克的水蛭素就足以阻止5毫升兔血的凝集。此外，用碘酒涂到伤口上，不感到疼，说明吸血水蛭唾液尚有麻醉的作用，只是目前尚未找到相应的物质。

吸血水蛭只是偶尔才有机会吸血。每次的吸血量很大，是它的一项重要适应性。它的许多对嗉囊、盲囊向两侧伸展，占据了体内大部分空间。吸入的血量相当于自身体重的6倍。这些食料在数个月内依靠一种共生的假单胞杆菌慢慢地消化。举例来说，一条干重128毫克的医蛭，一次取食640毫克，在200天内消化并通过排泄失重524毫克，剩余的116毫克已经进入到蛭体组织内，如果不取食，还可利用这些物质生活100天以上。所以，医蛭即使每年只吸一次血，也不会饿死。在嗉囊中有血液的这段（长）时间内水蛭利用的能量大都由蛋白质分解而来，能量的消耗为每天 15 卡❶（18℃时）。饥饿时，水蛭利用贮藏的糖和脂肪，能量的消耗降到每天 7 卡。

嗉囊在吸入大量血液后胀大，但大部分水分伴随着盐分随即通过肾管而排出。医蛭嗉囊盲囊中的血量在最初 10 天内减少40％以上，血红素立即还原。但是红细胞在一段长时期内（可长达 1 年半）保持新鲜而完整，甚至在取食后经数星期，仍可以分清楚白细胞和病原体。像这样缓慢的受控制的血细胞溶解，显然是不平常的。迄今为止，在医蛭肠壁提取物中始终未发现任何蛋白水解酶。近年来通过研究，发现有一类蛭假单胞杆菌，通过培养基接种试验，证明它能分解蛋白质和脂肪。此外，如果把抗生素（氯霉素）注射到蛭的嗉囊内，消化作用即被抑制，也反证了这一论点。这种共生菌还有抑制其他细菌的作用，如在培养葡萄球菌的羊血中加入这种共生菌，葡萄球菌消失了。这可以用来解释为什么在嗉囊盲囊中的血液不会腐败。据推测，水蛭吸血时，蛭假单胞杆菌与血液充分混合进入盲囊，它抑制了腐生生物，并逐个消化红细胞，释放出来的消化产物由蛭体吸收。所以在取食后一段时间再去检验盲囊的内含物时，只看到那些尚未被消化的血细胞。

（3）呼吸系统　极少数的水蛭用鳃呼吸，绝大多数的水蛭用皮肤呼吸。水蛭无呼吸系统，气体交换由含有许多微血管的皮肤进行。其皮肤有许多毛细血管可与溶解在水中的氧气进行气体交换。离开水时，在潮湿环境中，其表层腺细胞分泌大量的黏液于身体表面，结合空气中的游离的氧，再通过扩散作用进入到皮肤血管中。

（4）排泄系统　水蛭的排泄器官是由 17 对肾管构成的。医蛭的肾孔位于身体的腹面，排泄系统为后肾，后肾按体节分布。医蛭的后肾体为细胞内迂回小管的复杂系统，小管的始端呈漏斗状，各个后肾的漏斗都开口于腹窦中的侧分枝。这证明水蛭的血窦是体腔的遗迹，因为其肾小口永远是开口于体腔的。排泄孔在相反方向的

❶ 1 卡＝4.1840 焦耳。

一端，以腹面的左右两条肾管向体外开口。有趣的是，水蛭纲的漏斗并不与后肾的沟道相接，漏斗所获取的液体产物显然是由漏斗渗透到后肾的沟道的，这种漏斗与后肾管的分离是次生的现象。代谢废物和体内多余水分由肾孔排出体外。

（5）神经系统　在水蛭的体表分布有许多感觉性细胞群，称感受器，感受器具有明显的分节性，与一般环节动物的神经系统相似。它们由表皮细胞特化而成，其下端与感觉神经末梢相接触。感受器在头端和每一体节的中环处分布较多。神经系统由围咽神经环和腹神经链组成，而腹神经链由明显的神经节和与神经节相连的神经联合构成。由神经节分出侧神经，这些侧神经再分布到各部并组成复杂的交感神经和周围神经系统。

（6）感官　水蛭的皮肤中有游离的神经末梢和由长形上皮细胞组成的特殊触觉环，这些细胞组合的附近有神经。所有的水蛭均具有眼。医用蛭类的眼为色素杯，视觉神经通过杯轴。每个视觉细胞与视觉神经分枝相接，视觉细胞分布于整个皮肤表面。按照功能不同，感受器可分为物理感受器和化学感受器两类。前者主要感受水温、压力和水流方向变化，有些具有触觉作用或感觉作用，后者主要感觉水中化学物质的变化和对食物起反应。

（7）生殖系统　水蛭和蚯蚓相同，是雌雄同体动物，雄性部分先熟，行异体受精，卵生。雄性生殖器官是由按体节分布的精巢、短的输精小管、两个通到左右储精囊的纵长输精管组成。精巢囊将精液导至射精管，再将精液注入交配器官。雄性生殖器官有4～11对球形的精巢，从第12或13节开始，按节排列。每个精巢有输精小管通到输精管，输精管纵行于身体的两侧，到第1对精巢的前方，各自膨大或盘曲成为贮精囊，再通过射精管。两侧的射精管在中部汇合到一个精管膨腔或称前列腺腔，经雄孔开口于体外（图3-8）。

医蛭的雌性生殖器官由一对卵巢、短输卵管及阴道构成，阴道位于雌性交配器官后的腹面。卵巢通常一对，包在卵巢囊内。卵巢囊通出输卵管，两根输卵管汇合入阴道，或先合成一根总输卵管，再进入膨大的阴道，经雌孔通体外。总输卵管外面有的包着单细胞

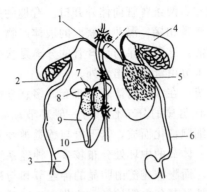

图 3-8 水蛭的生殖系统

1—射精管；2—贮精囊；3—精巢；4—射精球；
5—前列腺；6—输精管；7—输卵管；8—卵巢；
9—阴道囊；10—总输卵管

的蛋白腺或卵巢腺。阴道还分为受精囊或阴道囊和阴道管两部分。即总输卵管→阴道囊→阴道管→雌孔。水蛭的受精卵产到卵茧（袋）里，卵茧是由环带分泌而成，临近产卵时，环带由于其中皮肤腺的旺盛发育而膨胀。各种水蛭产于卵茧中的卵数不同，卵茧产1～200个不等。水蛭无自由生活的幼虫，受精卵在卵茧中孵化后，幼虫用其纤毛器官游泳于卵茧中的液体内，然后发生变态，幼虫最后变成脱离卵茧的幼水蛭。

医蛭科水蛭有一个阴茎。交配时，两条水蛭的腹面紧贴，头部方向通常相反，一条水蛭的阴茎插入另一条水蛭的阴道内。按理说，由于双方的雌、雄孔互对，可以同时互相交换精子的。但有时是单方面的输送精子给对方的。精子与阴道囊内的卵结合为受精卵。受精过程完成后，水蛭雌性生殖孔附近环带部分的体壁分泌速度加快，形成卵茧环带部（生殖带）的体壁有两种腺体，一类分泌白色泡状物质形成卵茧的外层；另一类分泌蛋白液，使产出的受精卵悬浮于其中。在产卵茧过程中，环带的前后端极度收缩，所以卵茧的两端较尖，由于身体沿着纵轴转动，把卵茧的内表面弄得光滑，然后体壁环肌收缩，身体变得细长，在身体和卵茧之间的空隙中产入一些受精卵和蛋白营养液。之后，身体的前部慢慢后移，使卵茧从前端脱下。医蛭科的卵茧多产于潮湿土壤中，椭圆形，呈海绵状或蜂窝状。蛭类的受精卵一般在保护良好的卵茧内自然孵化和发育。发育类型为直接发育，无变态，幼虫从卵茧内爬出后直接进入水中营自由性半寄生生活。

第4章

水蛭的生物学特性

4.1 水蛭的生活特性

蛭类体色变化甚多,或色彩鲜艳,或斑纹规则,或全身透明。蛭类为雌雄同体,异体受精。繁殖季节大多开始于春季饱食之后,产卵季节在5～9月,此时分泌大量黏液,形成茧,落入水边的湿土中,约半月至一个月后,幼蛭孵出。吸血蛭的幼蛭离茧后即能吸血。蛭类的生长期较长,从幼体发育为成体一般需4～5年。多数蛭类生活在淡水中,少数栖于海水中,也有的生活于潮湿土壤、草丛及树枝上。

淡水蛭类通常生活在比较温暖而又隐蔽的浅水区,多数生活在岸边或离岸附近两米深的水中,少数生活在近50米深的水中,在适宜的环境里,每平方米的底面上,蛭类的密度可达700多条。生活在池水环境的蛭类,每逢池水临近干涸时,其身体渐渐失去大量的水分,然后蛰伏泥土中,体表细胞分泌黏液渐渐成为茧而包裹全身,渡过旱季或严冬。

多数蛭类为自由生活,少数为寄生。当它们吸足了宿主的体液或血液后,就离开宿主自由生活。有些蛭类好捕食昆虫幼虫、椎实螺、扁卷螺、蠕虫和水蚯蚓等。有的除了上述食物外,又寄生在鱼、蛙的身上;有的寄生在鲤鱼、鲫鱼的鳃盖上;也有的暂时寄生于鸟类等。

4.1.1 水蛭的活动规律

水蛭生长有适宜温度,初冬温度低时它钻入土中冬眠,春季开始活动，10℃以下停止摄食生长，当水温降低时，水蛭常常躲藏在沟边由枯草和淤泥缠结而成的泥团里度过不良环境，5℃以下蛰伏于泥土中冬眠。水蛭既能入水游泳又能在陆地爬行，行动活泼，平时极少游动，常停留于水边、水底或水生植物上，或钻入水边多腐殖质的软泥中。白天多以穴居为主，常隐藏于石块、水草、竹木、泥土等地方，晚上出来活动。有时伸展身体，有时静伏于水中。摄食不足时，会暂栖于水生植物间，或吸附于池壁等处，凭借其灵敏的嗅觉和听觉，会随时快速地出击猎食。当遇到敌害时，则全身卷缩成一团沉入水中。水蛭善游泳，在水中以肌肉作波浪式游泳，在水中物体上则以吸盘及身体伸缩前进。4月份起，会有部分水蛭择近水边浅土层中造穴产卵，水蛭雌雄同体，异体受精。在4月中旬至5月份为产卵高峰期。

4.1.2 水蛭的食性

水蛭多以吸食脊椎动物或软体动物的血液和体腔液为主食，有的只是一时性地侵袭一下宿主，吸饱血液后离开；也有属于掠食性和腐食性的，营严格寄生生活者不能作为人工养殖品种。一般来说，水蛭的幼体主要以浮游生物（水蚤、轮虫、草履虫、单孢藻等）、软体动物（河蚌、田螺、福寿螺等）的幼体、小虾、鱼仔、水生植物、有机碎屑为食，成体则以吸取软体动物的血液和体液为生。此外，水蛭还吸食水中的微生物和浮游生物、水生昆虫、软体动物及腐殖质等。水蛭的耐饥饿能力很强，吸食一次血液后能生活半年以上而不死。人工条件下养殖以各种动物内脏、熟蛋黄、配合饲料、植物残渣，淡水螺贝类、杂鱼类、蚯蚓等作饵。要保持水体清洁，及时清除喂剩变坏的残渣，要及时充水或换水。

不同的蛭类其食性不同。在能入药的三种药用水蛭中，日本医蛭以吸食脊椎动物的血液为主，包括的吸食对象有人、家畜、蛙类、鱼类等。宽体金线水蛭、茶色蛭主要吸食无脊椎动物的体液或腐肉，如河蚌、田螺、蚯蚓、水生昆虫、水蚤等，有时也吸食水面或岸边的腐殖质。养殖过程中要因地制宜地选喂合适的食物。

水蛭养殖技术

4.1.3 水蛭的行为

　　水蛭是一类高度特化的营半寄生生活的环节动物，其运动行为可以分成3种方式：游泳、尺蠖式运动和蠕动。游泳时背腹肌收缩，环肌放松，身体平铺伸展如一片柳叶，波浪式向前运动。后两种运动方式通常为水蛭离开水时在岸上或植物体上爬行时所采用。尺蠖式运动通常是先用前吸盘固定，后吸盘松开，身体向背方弓起，后吸盘移到前吸盘的后方吸着；前吸盘松开，身体尽量向前伸展，然后前吸盘再固定在物体上，后吸盘松开，如此交替吸附前进。蠕动与尺蠖式运动的区别在于蠕动时身体平铺于物体上，当前吸盘固定时，后吸盘松开，身体沿着水平面向前方缩短；接着后吸盘固着，前吸盘松开，身体又沿着平面向前方伸展。这种运动方式较慢，但可穿行于土壤中，或从人的衣袜与皮肤之间的空隙穿进去吸血。水蛭在陆地上时，尺蠖式运动和蠕动常交替使用。水中的医蛭，先游来追逐人畜，当吸附上时，即以后两种方式爬到宿主体上吸血。陆上生活的山蛭已失去游泳能力。不同种类的水蛭，上述三种运动方式也会有细小的差别，以上介绍的只是一般的情况（图4-1）。

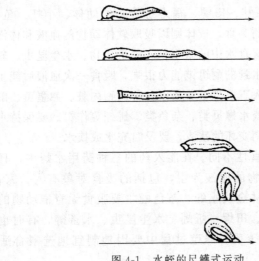

图 4-1　水蛭的尺蠖式运动

水蛭对较强的光照表现为负趋性，除眼点外，水蛭的体表还有许多的光感受器分布，对光反应敏感，呈避光性。白日一般躲在石块、土壤或草丛下潜伏，遇有食物时才迅速出来取食。夜间或在光线较暗时游泳或活动。有人在水族箱内用各种水蛭做实验，箱内同时放入可供水蛭隐蔽的物体，并经常移动这些隐蔽物的位置，观察结果如表4-1所示。

表 4-1　数种水蛭在高处和暗处的分布比例　　单位：%

种　　名	一条水蛭		数条水蛭		
	亮处	暗处	水蛭数	亮处	暗处
尺鳠鱼蛭	0	100	6	2.9	97.1
缘拟扁蛭	35	65	3	25.9	74.1
整嵌晶蛭（饱食）	11.8	88.2	3	33.3	66.7
整嵌晶杯（饥饿）	80	20			
舌扁蛭	0	100	5	21.2	78.8
异扁蛭	0	100	8	27.2	72.8
宁静泽蛭	0	100	6	4.5	95.5
欧洲医蛭	35	65	—	—	—

从表4-1可以看出，水蛭选择暗处的比例很大。但饥饿状态下的水蛭比饱食状态下的水蛭表现出趋光性，如晶蛭。这可能是由于探寻食物而改变了它们的避光性。在养殖水蛭过程中，要避免强光照射，并给予适当的暗环境条件。

多数种类的水蛭喜欢钻入缝隙中，这是蛭类独特的行为之一。这并非完全属于一种避光性，而是一种强烈的趋触性。在自然界中，水蛭多见于石块下、叶腋或枯枝的下面，这或许是为了避光，但用透明的玻璃板或塑料布实验发现，多数种类照常钻入它们的下面的缝隙中，而塑料布或玻璃板下面的光线并没有多大的减弱。有人观察到：涂了漆的铅皮桶，只要有一块掉漆的地方，医蛭都能钻进去把漆皮顶起来，如果桶内医蛭装得多，许多条都钻进去，可以使大片的漆皮都剥落下来。利用水蛭钻缝的特性，在采集或养殖过程中可在水边设置一些废旧塑料布、草苫等捕捉它。

水蛭的触觉感受器非常灵敏，可感知微小的水压、水流和气压的变化。医蛭能根据水波相当准确地确定波动中心的位置并迅速逆流游去。所以在下水田作业时，双脚动得越厉害，游来的水蛭就越多。在有水梗的水沟中，即使伸一下手指或用小棍轻划一下水面也会引来医蛭。风雨来临之前，水蛭可感知气压微弱的变化，迅速爬上岸中草丛或土壤中躲避，因此，水蛭具有预报天气的本领。雨水较大时，它们甚至爬出池岸逃得更远，养殖时尤需注意防逃离，以免造成经济损失。

水蛭的化学感受器很发达，能对水中的化学物质起强、弱、急、缓等不同的反应，试验证明，医蛭对甲酸、丙酸、异丁酸、柠檬酸、盐酸、萘酚、酚、氨的反应都很强烈，在 200 毫升水中加入1 滴或 2 滴药品，蛭类即产生强烈的震颤反应，并急速离开水体。对醋酸的反应较弱，在同样体积的水中加入 2 滴，过 5 分钟，水蛭的前吸盘开始离开水体。吲哚也能引起水蛭逃离。奎宁、咖啡因、阿托品、吗啡等能促进水蛭不停地游动，最后静止下来，前吸盘离开水体。由此推测，水蛭的化学感觉器仅限于头部，所以头部离开水面后，水蛭不再感受到有毒物质的刺激。水蛭对同样数量的糖类、甲醇、乙醇、甘油和樟脑不发生反应。由于化学感受器发达，水蛭对不同的食物也表现出不同的趋食性。针对不同水蛭的趋食性，在养殖时可投以其最喜欢吃的食物，如医蛭类可投喂动物的鲜血块，金线蛭投喂河蚌、田螺等淡水贝类等。在采集水蛭时，可以利用它们的趋食性进行大量诱捕。

4.2　水蛭生长发育的特性

蛭类在形态上适于获得和消化的食物主要有鱼、龟、鳖、蛙、鸟类以及哺乳类动物的血，可以作为这些动物的暂时性体外寄生虫。它们也消耗像环节动物、昆虫幼虫和软体动物这样一些无脊椎动物的腐肉、体液、组织以及整个身体。只有少数几种蛭类专门摄食某一种宿主动物，大多数种类的食谱包括某一类或两类动物。

水蛭在自然环境中常生活在湖面、稻田、池塘、沟渠里面，白天常躲在泥土和水浮物中、石块下、植被间或其他可以隐避的场所，善于游泳。冬季在泥土中蛰伏越冬。水蛭生命力极强，再生能力也强，如将其身体切成段，能由断部再生成新体。

水蛭为卵生，种水蛭产下的卵茧在适宜的温度下孵化成幼蛭，幼蛭经 4～6 个月的生长发育，体长可达 6～8 厘米，体重 8 克左右，能达到性成熟。作为商品水蛭可以加工出售。在人工饲养条件下，宽体金线蛭连续生长 1 年体重可达 20 克以上，连续生长 2 年的水蛭个别可达 50 克，这样的个体成品率高、肉质肥厚、干品外观漂亮，属上乘药材。

以特大宽体金线蛭为例，因为特大宽体金线蛭产卵多、抗病强，比自然水蛭好饲养，且生长快。特大宽体金线蛭，体型特大，比普通金线蛭将近大一倍，体长大、扁平、略成纺锤形，成体体长 80～140 毫米，背面通常为暗黑色，有 5 条由黄色和黑色两种斑纹相间形成的纵纹，侧面下端各有一条黄色纵带，腹部淡黄色，杂有许多不规则的暗绿色斑点。体环数 107，生殖带明显占 15 环。雄生殖孔在 33～34 环沟间，雌生殖孔在 38～39 环沟间。前吸盘小，口内有颚，颚上有两行钝齿板。水蛭对水质和环境要求不严。水温一般在 15～30℃时生长良好，10℃ 以下停止摄食生长，35℃ 以上影响生长。

4.3　水蛭的繁殖特性

水蛭雌雄同体，异体交配，体内受精，同时兼具雌雄生殖器官，其生殖方法与蚯蚓相似，由交配而交换精子。交配时互相反方向进行，生活史中有"性逆转"现象，存在着性别角色交换，一条水蛭既可做爸爸也可做妈妈，在一生的不同时期扮演不同的角色。

水蛭的生殖方式因生活方式和寄生的宿主不同而有一些差别。首先是交配和传精方式不同，舌蛭科、鱼蛭科和石蛭科的种类通常无阴茎，交配时把由精管膨腔分泌成的包着精子的精荚埋到对方皮下，传送精子给对方（图 4-2）。而医蛭科等常见水蛭一般都有阴茎，交配时，两条水蛭腹面紧贴，头端方向相对应，将阴茎插入到对方的雌性生殖孔内并输出精子于受精囊（阴道囊）内。其次是所产茧的形状不同（图4-3）。石蛭科的卵茧一般较光滑，半透明，扁圆。舌蛭科的卵茧为薄壁囊状，每次产茧的数量不定。医蛭科和山蛭科的卵茧多呈椭圆形，呈海绵状或蜂窝状，每次产茧2～3个。再次是产茧的环境和孵化方式不同。舌蛭科把卵茧产在水中石块或硬物的表面，用身体覆盖护卵孵化。而多数蛭类如医蛭科和山蛭科是把卵茧产于陆地土壤中，自然孵化，医蛭和金线蛭等药用水蛭的生殖过程基本相似，以下对其生殖和发育过程作一简单介绍。

图4-2　水蛭的交配

上，宽身舌蛭的交配；下，医蛭的交配

(a)海南山蛭　　　(b)日本医蛭　　　(c)八目石蛭　　　(d)齿蛭

图4-3　蛭类卵茧的形状

4.3.1　水蛭繁殖的环境

水蛭产卵盛期一般为每年的5月，水蛭繁殖、交配，要营造安静的环境。由于卵茧要产在泥中孵化，并不是在水中繁殖。种蛭池最好选用土池。在产卵期间，不到平台上走动，以免踩伤种蛭卵茧。

5月初是水蛭产卵茧时期，而此时如果春旱严重，水位下降过多，岸边土壤板结，不利于产卵和孵化，造成死胚，一些勉强孵化出的幼蛭也会因干旱远离水源而失水卷体死掉。因此，春季应疏松水边土壤，并时常喷水保持湿润，便于其繁殖。

控制水位，不能让水淹没平台。在繁殖期如水淹没平台7天左右，水蛭卵会因缺氧而死亡。要注意察看，经常疏通溢水口，使池水始终低于平台面。夏季在平台上覆盖一层杂草，保持平台土壤潮湿，以确保繁殖成功。

4.3.2 水蛭的交配

水蛭2龄达到性成熟，体重15克以上。但由于雌、雄生殖腺发育不同步，需异体交配受精。越冬出蛰后，雄性生殖腺逐渐发育成熟。水蛭的繁殖期一般为4～8月，当水温稳定在14℃以上，开始发情交配，交配大多在清晨进行，水蛭的交配与蚯蚓相似，两个体头尾相对，腹面紧贴，各自的雄生殖孔对着对方的雌生殖孔，雄生殖器与对方的纳精囊孔相对，相互交换精液。该过程一般持续1～2小时。在交配期间，一定要保持环境安静，水蛭一旦受到惊扰便迅速分开，造成交配失败或交配不充分，直接影响受精率。交配后30天左右，雌性生殖腺发育成熟，水蛭钻入产卵场土层。此时生殖带开始大量分泌黏液形成黏液管，成熟卵细胞排在黏液管内，水蛭逐渐向后退出。交配后20天左右开始产卵。

4.3.3 水蛭卵茧的形成

水蛭的雌雄亲体交配后大约1个月，生殖带即分泌一种稀薄的黏液，夹杂着空气而形成泡沫状物，然后再分泌另一种黏液，形成一层卵茧壁包被在生殖带的周围。卵从雌性生殖孔中产出，落在卵茧壁和身体之间的空腔内，同时向卵茧中分泌一种蛋白液，然后亲体逐渐向后方蠕动退出。整个产卵过程大约需要半个小时，卵茧产在泥土中数小时后即变硬，卵茧壁的泡沫风干而破裂，只留下五角形或六角形组成的蜂窝状或海绵状的保护层。茧产出后，如果温度适宜，受精卵便直接在茧内发育，温度适宜，经16～25天孵出幼蛭，并能独立生活（图 4-4）。

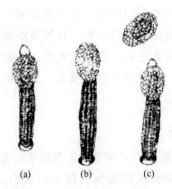

图 4-4　水蛭形成卵茧的过程
（a）环带部分泌的黏液形成泡沫；（b）卵茧壁形成后，
亲体向后退出；（c）退出后接着又产第二个卵茧

4.3.4　水蛭的孵化

　　成熟水蛭产卵于泥土中，卵呈圆形，水蛭年产卵茧 1～2 次，每次可产 1～4 个卵茧。

　　实践表明，卵茧产出后，在水温 18～28℃ 条件下，经 13～25 天孵化，每个卵袋可孵出幼蛭 20 多条，每条种蛭 1 次可繁殖 40～80 条幼蛭。刚孵出的幼蛭体型似成体，呈茶黄色，体背部两侧各排列有紫灰色细纵纹，随着生长，蛭体色泽和条纹也发生变化。繁殖后的种蛭捕出后加工或另池饲养。在幼蛭池中投放螺、蚬和蚌类等供幼蛭摄食。幼蛭在孵出后的 2～3 天内以吸收卵黄为营养，随着生长陆续吸食螺、蚬、蚌类的血液、体液及内脏软体部分。幼蛭在孵出后约 30 天体长生长到 2 厘米以上，此时可转入成蛭池饲养（图 4-5）。

4.3.5　水蛭的发育

　　水蛭在野生条件下，从孵化出的幼蛭发育至成蛭，需要 3～4 年的时间。人工饲养条件下，由于饲料丰富，温湿度条件适宜，生长发育时间可明显缩短，一般只需 1～2 年。

图 4-5　幼蛭逸出卵茧的情况

发育时间的长短随营养状况的好坏而有所变化，营养条件好，生长发育时间就相对缩短，如果营养条件较差，则生长发育时间相对延长。在人工养殖的条件下，饵料丰富，水蛭的生长发育速度很快，有时甚至可以当年养殖、当年收获。

以宽体金线蛭为例，冬季在泥土中蛰伏越冬，在长江流域3月底或4月上旬出土。如果温度尚低，出土的宽体金线蛭常躲在沟边由枯草和淤泥缠结成的泥团内。天气转暖后，它们再出来活动。水蛭是雌雄同体动物，两个个体交配行异体受精，产卵茧期在4月下旬至5月下旬。棕褐色海绵状卵茧产在池边或湖边土中，离地面2～8厘米，离水面约30厘米，这会随天气的干旱和地下水位的高低而有所变化。成熟个体经过交配平均能产4～5个卵茧。如果温度适宜，受精卵便直接在茧内发育，经过孵化，幼蛭从4月下旬开始不断钻出卵茧，直至6月上旬结束。每个卵茧能钻出13～35条幼蛭，平均20条左右。只有经过蛰伏越冬的成熟个体才能在春季进行交配和产卵茧，夏、秋季均不能繁殖后代。总的看来水蛭的繁殖率远没有鱼、虾、蟹的繁殖率高，这是限制水蛭饲养与繁殖高产的主要原因。水蛭的生长期较长，由幼体到成体需半年至3年时间。

4.4　水蛭的冬眠特性

水蛭是变温动物，它有冬眠习性。冬眠是对寒冷环境的一种适应形式。冬天钻入泥土自然越冬，春天复活，特别安全。池塘保持1米以上水即可。当寒冷到来之前，随着水温逐渐降低，水蛭活动逐渐减弱，水温低于10℃时就会停止摄食，钻入水底或池边泥土及石块中休眠。冬眠期长短因地而异，一般情况下，长江以南水蛭冬眠期只有1个多月，黄淮之间冬眠期3个月以上，华北地区冬眠4个月以上。期间无论是成年水蛭还是幼蛭，其食欲变得旺盛，食量也增大起来，体内大量积累营养物质，以供冬眠期间消耗。

在野生自然状态下，气温降至13℃以下时，水蛭一般蛰伏在20～30厘米以下的潮湿土壤中过冬。也有少数在水池淤泥中越冬，一旦进入越冬状态，应禁止进入池中和池边水蛭的越冬区域搅动，防止破坏水蛭的越冬环境。

同时为了防止温度偏低时冰冻，可在水蛭越冬区域内覆盖一层水生植物，起到保暖作用。因此，人工养殖必须在池塘四周遮盖稻草等物保暖，水蛭养殖池底铺20～30厘米厚的菜园土，便于冬季休眠时水蛭往土中钻。在土层上可以放一些砖头或小石头，便于水蛭附着、降低体力消耗、有利其生长发育，协助水蛭自然越冬。水面如遇结冰，应经常破冰保持水中有足够的溶解氧。

水蛭的冬眠习性，是在自然状态下对环境长期适应和选择的结果。实践证明，在人为条件下，只要给水蛭创造一个良好适宜的温度条件，就完全可以改变这种习性。打破冬眠，连续生长发育，缩短养殖周期，加快水蛭的生长发育进程，从而获得较好的经济效益。提高人工养殖水蛭的经济效益的常见方法有以下几种。

(1) 大棚保温越冬 采用塑料大棚保温越冬，一般进入10月份以后，气温降至20℃以下时，即可进入大棚。用塑料大棚越冬，实际上是延长全年生长时间，水蛭可长至12月份，早春2月份即可正常生长，促进早繁育、多产卵。常规的自然越冬在长江中下游地区要达5个月，而采用塑料大棚越冬只需2个多月，大大缩短了越冬时间。在进入大棚前要考虑到越冬数量、规格状况，采用合理的密集性饲养，一般每平方米放养50～100条为好。

(2) 地热水越冬法 在有地热资源的地方采用地热水越冬。具体方法是在有地热地方打热水井，以保温管道将地热水引入越冬池，管道应深埋于地下以避免散热。越冬池面积要在5亩以上，水深保持在1米以上。

（3）工厂余热越冬　在有工厂余热的地方，可以引余热水用于水蛭越冬，宜采用管道引水。注意要对余热水进行检定。

（4）太阳能越冬法　有条件的地区，可以采用大容量太阳能热水器供水，其越冬池也要采用塑料大棚保温。

4.5　水蛭的食性

水蛭为杂食性动物，食性很广，喜欢腥味，以吸食其他动物的血液或体液为主，也以水中浮游生物、昆虫、底栖软体动物、鱼虫、水蚤等生物、丝状藻类以及营养丰富的腐殖质等作为它的食物。

在人工饲养条件下，虽然饲料种类受到了限制，但人们为其提供的饲料数量多，质量更好，除田螺、蚯蚓、蚌之外，还可补充一些动物血、动物内脏、熟蛋黄、配合饲料、植物残渣等。人工饲养应利用生物互依互存的生物链，发展水蛭生产，即在水中栽种水草，水里放养浮萍，水面放养水蛭。也可以放入少量草鱼，水底放养一定量的田螺、螺蛳、龙虱。这样，水蛭和田螺等水生动物的粪便供水草、浮萍吸收。田螺等水生动物可吃水草和浮萍，水蛭吃田螺、螺蛳和龙虱，它们之间就可以循环利用。

不同种类的水蛭食性有所不同，养殖过程中要因地制宜地选喂合适的食物。以下主要介绍3种药用水蛭。

① 日本医蛭以吸食脊椎动物的血液为主，吸食的对象包括：人、家畜、蛙类、鱼类等。血块对日本医蛭并非是唯一的敏感饵料，当水蛭处于饥饿状态时，可食之物都会被吞食。血块未经处理有可能污染水质，且成本也较高，使用时应全面考虑。

② 宽体金线蛭和医蛭不同，属非吸血水蛭，不吸食人或其他脊椎动物血液，主要吸食软体动物、水生昆虫、蚯蚓及水蚤等无脊椎动物的体液或腐肉，尤其喜食螺蚌，有时也吸食腐殖质。

③ 茶色蛭主要吸食无脊椎动物的体液或腐殖质，如河蚌、田螺、蚯蚓、水生昆虫、水蚤等，有时也吸食水面或岸边的腐殖质。人工饲养宽体金线蛭时多以田螺为饲料。在水中投放田螺，让田螺自然繁殖，大小都有，可满足不同规格的水蛭吸食。

投喂活体螺、蚬、蚌类及哺乳动物血块等时，活体螺、蚬、蚌类应一次放足，既可自然增殖，又可供水蛭摄食，投喂量一般为每平方米 30～45 克。动物血块的投喂方法是每 7 天投喂一次，放入池中，分散投放，水蛭嗅到腥味后聚集摄食。经这样人工养殖，从幼蛭到成蛭需 2～3 年。

水蛭体表的触觉感受器，对水流的反应非常敏感，即使用手指轻划一下水面，也会引来水蛭。同时水蛭能准确地确定波动中心的位置，并迅速地逆流游去。因此，人们在水田作业时，双脚动得越厉害，游来的水蛭就越多。根据水蛭这一特性，人工养殖水蛭设置的投料台，要同时设有水响的装置，如打开增氧机等，这样可招来水蛭觅食。

水蛭的耐饥能力很强，一次饱食，半月余不进食，能依靠体内存有的能量维持代谢，能生存 3 个月以上不会饿死，甚至几个月不吃食也不会饿死。同时水蛭的体细胞中的特殊基因链组织，能同时分裂出具有极强抗菌力的抗体物质和水蛭素，能有效抑制病菌的侵入，使之不受感染，因而生命力较强。很多特征显示，水蛭的生长繁殖性状，其可塑性是很有潜力的。若能精心驯养，提纯复壮，培育出优种的概率很高。

第5章

水蛭养殖池和日光温室的构建

5.1 水蛭养殖场地的选择

水蛭是一种受世界广泛关注的名贵中药材,目前的市场需求量很大,其产品供不应求,但是随着化肥、农药的广泛使用,以及环境的严重污染,造成水蛭的野生资源数量急剧下降,产品急剧减少,因此水蛭的人工养殖前景广阔。

目前医药工业上常用作药材的蛭类主要有宽体金线蛭、日本医蛭、尖细金线蛭三种。常见的养殖品种主要是宽体金线蛭,因为宽体金线蛭个体大,生长快,产卵量大,无病害,适于高密度人工养殖。

选好合适的饲养场地,是建好养殖场、养好水蛭的重要工作。要周密考虑,细心测评,尽可能地做到经济合理、适用安全,既要考虑到水蛭的生活习性和要求,又要考虑地形、水质、土质、运输、电力、排灌、饵料等条件,保证水蛭既有舒适的生活环境,又能健康地生长发育。

水蛭养殖池应选在远离人们居住区的地方和比较安静的地方,因为水蛭对震动比较敏感。养殖池的周围不要有农药、化肥的污染,更不要有污水相通相渗。养殖池应保证一定的较洁净的水源供应,防止干旱缺水。建池处的地势也应相对比周边环境略高一点,以防意想不到的洪涝发生。也可因地制宜,选择自然的沼泽、池塘进行养殖,但要做到防污染、防敌害等工作。

蛭类对水质和环境条件的要求并不十分严格,在池塘、沟渠中均可饲养,甚至在房前屋后也可进行小规模的人工养殖。蛭类生长的最适温度通常为 15~25℃，温度在 10℃以下时蛭类便停止摄食，温度在 35℃以上时也影响蛭类的生长。在进行蛭类的大规模养殖时，应选择避风向阳、水源充足、注水和排水方便的场地修建养殖池。水蛭养殖要选择合适的场地建池，选择场地要考虑以下几个方面的因素：

（1）生活习性　水蛭具有水生性、野生性、变温性和特殊的食性。根据水蛭的生活习性，要求选择具有一定水域、温暖、安静、动植物繁多的场所。噪声，尤其是震动，对水蛭的生长不利。因此，远离村庄、厂矿等闹市区，避开车辆频繁的交通沿线以及震动的飞机场、工厂等地区。在无噪声、无震动、无污染、环境安静的地方建池。

（2）种池要求　水蛭易养易管，在池塘、沟渠、水田均可放养，也可人工建造饲养池，与精养鱼池基本相似。池四周埂高 1.8 米，水深 0.6~1 米，饲养池大小应根据饲养量而定。为便于水蛭栖息和产卵，池底可放些不规则的石块和树枝，水池中间应建高出水面 20 厘米的土台 5~8 个，每个平台 1 平方米左右。假设种蛭养殖池水面以 30 平方米为宜，长宽为 6 米×5 米，种池四周靠池壁设面积为 1~1.5 平方米的平台 4 个，池中间水深 0.5 米，每个平台高出水面 2 厘米。平台要保持湿润，筑平台的土应为富含腐殖质的疏松沙壤土，以便于水蛭栖息和打洞产卵。平台平时要防积水、防干旱，雨后防淹没。

池水深度适宜，面积适中。由于水蛭在水中只能平面分布，不能立体利用，故水的深度不宜太深，一般以 0.6~1 米为好。过深不利于提高水温，过浅夏天水温过高，也不利于水蛭生长。蛭种池以 20~100 平方米为好，有利于冬季搭塑料棚加温，促进水蛭冬季生长，明春提早繁殖，可拉长当年的生长时间，有利于水蛭的稳产、高产。商品蛭的养殖面积以 333~667 平方米为好，适合浮游生物的繁殖，对水蛭的快速生长极为有利。

水蛭在晴天一般不越池逃走，但在雨天池水溢出时，会随流水走失。池埂要设防逃沟，用砖砌成，沟宽 12 厘米、高 8 厘米，一半镶入土中，下雨时用密网拦住或在沟内撒些石灰，就可防止水蛭随流水逃走。

（3）场地选择　养殖池地形的选择应以无工业污染、背风向阳、注排水方便和比较安静的地方为主。地势较高，大雨时池塘不溢水。周围无农药、污水污染，水源充足，排灌方便，能做到旱不缺水、涝能排水。环境优良，春秋季节可增加光照时间，延长水蛭的生长期；冬季可防风抗寒，使水蛭能安全越冬；而在夏季既可以防暑，又可以增加动植物的活体数量，为水蛭提供充足的饵料。为降低养殖成本，尽可能利用废弃的旧鱼池、旧水池或废弃的圈舍等。

池形结构合理，注排方便。蛭池坐北朝南，日照时间长，能提高水温与促进生长。东西向长方形，长、宽比为（1.5～2.5）：1为佳。池埂坚实并高出常年水位 0.5 米以上，以防淹没。池底平坦，略向排水口倾斜，有利换水，利于排干。建池时设置好进出水口和保持水位的溢水口。再者就是安全性好，看护方便。

（4）水质　水蛭离不开水，有收无收在于水。水源应充足且水质不受污染，才能促进水蛭生长。我国淡水水域辽阔，因地域的差异各地水的质量有明显区别。决定水质质量的理化指标主要有温度、盐度、含氧量、pH 值、水色和肥度等。水质要好，水源和养殖水蛭的池塘均不能有污水和工厂废水排入，池水始终要保持清新。要考虑水源流至场地是否被污染。严重污染的水域，例如出现水颜色反常、浑浊度增大、悬浮物增多、有毒物质增加、发生恶臭等现象，则绝对不能使用。

（5）土质　水质较肥，即含有丰富的营养物质的，池底土质可用砾土、砂土。水质不肥，即营养物质不丰富，如使用地下水或自来水等，池底土质则应用腐殖土。如果池底漏水，最底层还应用黏土夯实。因此，应根据水质条件来选择不同类型的土质。池底土质应比较坚硬，上面有较肥的有机质。只要土壤不含毒物和影响水蛭生长发育的其他因素，房前屋后、庭院都可以挖池养殖。一个良好的水蛭养殖池，其土质要求既保水又通气，以保持一定的水位和肥度。通气利于有机质分解，土壤中富含营养物质则池水易肥，有利于大量浮游生物和底栖生物的繁殖，给水蛭补充天然饵料。

(6) 交通　交通方便，可给产品和饲料的运输带来便利，同时可节省时间，减少交通运输上的费用开支。电力除日常照明外，如加工饲料、产品等都需用电，应能保证供应。要有电源，天旱时灌水、雨季排水要方便。

(7) 排灌　养殖池的水位应能控制自如，排灌方便。要做到旱能灌，涝能排，两手都要抓。尤其要防止洪水的冲击，以免造成不应有的损失。排灌方便处建池沟，深 1 米、宽 3 米，长度依地势而定，内撒碎石块和树枝供水蛭栖息。沟间留有 50 厘米宽的沟埂，以便行走、捕捉。沟的两端留进水口、排水口，在沟边设细眼网，排水并防逃。同时还要考虑该水域在 1 年内甚至若干年内的水位变化情况，保证做到旱时有水、涝时不淹。天旱时可以有水源向池塘内灌水，保持水位。

(8) 饲料　饲养池一般要设一年生幼蛭池、二年生幼蛭池、三年生种蛭池、四年生种蛭池。池边要留草，池中有水中浮游生物、螺类、贝类、虾类、鱼类等动物为主的食物。同时要注意附近屠宰场畜禽鲜血的利用。每隔 1 米用瓦正反相叠从池底直摞至平台，一组两摞，供水蛭栖息及躲避高温、强光（新建池用）。高温季节可架设防晒网遮阳。池子设进、排水口。池上口斜竖防逃网，可选用孔较粗的白色尼龙纱网。为保证水草和藻类生长良好，要适当投入腐熟的畜禽粪肥，一般每亩水面投入 200 千克，中、后期酌情投施，原则是少量多次。

(9) 防逃　要在池塘外围砌防逃墙，墙的高度应在 80～90 厘米，其中地下部分应在 30 厘米以上，墙的内侧用水泥、沙子抹成麻面。墙面越光滑水蛭越容易逃跑，也可用密网防逃。

水蛭养殖场也可以因地制宜，旧渔池改造水蛭池主要是对一些较浅的池塘进行改造，这样做有事半功倍的效果。将池底填平，池边夯实，安排好排出水口以利灌排，水位线的上方四周仍要建一个 50 厘米的小平台，供水蛭筑巢、产卵和栖息。在房前屋后、庭院建水蛭池，房主要是考虑到建后管理便利，可根据面积大小因地制宜开挖好池形，池底要平坦，池的四周仍要筑好小平台。以上各种形式都必须在四周设置密网，以防水蛭逃跑，特别是进出口更要做好防逃工作。

对于刚刚建成的砖砌水泥池来说，绝对不能立即投放种苗。这是因为新建水泥池池体的碱性物质（硅酸盐水泥、氢氧化钙等）必须经过20多天的淡化后才能适合水蛭生长。此外，新建的养殖池不能一次性投足种苗，而应在养殖池的总体环境条件逐步趋向食物链综合平衡以后，再逐步加大投放量，更不可教条地认为每立方米水中要投放多少条水蛭，而应视养殖池的具体条件和水蛭的生长状况之间的良性平衡情况而定。

5.2 新建水蛭养殖池的构建

为了便于水蛭产卵，一定要提前40天以上建造池塘，如条件允许，最好提前6个月将池塘建设好。如果是在霜冻地区，养殖户应选择在霜期前开挖基地，这样开挖之后的土壤暴露在空气中，经过降温、干燥，再经历雨雪，待气候回暖时土壤会变得很松软。

5.2.1 新建水蛭养殖池的类型

新建水蛭养殖池时，首先要考虑管理方便、操作容易。一般池宽3～5米，水深0.6～0.8米，池长根据饲养量和地形而定，池越大越好。养殖池南北走向较好，以便太阳照射。建土池和水泥池均可。利用自然的沼泽、凹地、池塘或废鱼塘养殖水蛭之前要进行清池和消毒，消灭水中的蛙、泥鳅、蝌蚪和其他水生捕食性的昆虫。方法是抽水清池后，晒池7～10天，然后每亩用100千克左右的生石灰溶成石灰水全池泼洒，备用。

（1）土池 池四周埂高1.5米，水深1米，面积一般以200平方米为宜，不要超过1亩，以方便饲养管理、观察繁殖和收苗。水池对角线设进水口和排水口。池底放一些石块和树枝，在水面上放养浮水植物（水葫芦、浮萍），以供水蛭栖息，水池四周还应建造高出水面20～30厘米的产卵平台（表土要求松软、腐殖质含量较高），每个平台约2平方米，每亩水面设8个。进水口和排水口处用密网（20目铁丝网或尼龙网）遮拦，池埂设防逃沟，用砖砌成，沟宽12厘米、高8厘米，下雨时用密网拦住（网目大小以拦住水蛭苗即可），或在沟内撒些石灰，可防止水蛭逃遁。

（2）水泥池 水泥池长6米、宽3米、高1.2米，用砖头、水泥、石灰等材料建造。池底向出水口倾斜，以便于排干池水；水池对角线设进水口和排水口，并用密网（20目铁丝网或尼龙网）遮拦，防止注水及排水时水蛭逃遁。

修水泥池，在养殖水池一端的两侧设2个50厘米宽产卵平台，平台上堆25厘米厚的菜园土，以便水蛭栖息和产卵。池四周高出产卵平台0.5米修防护墙，平台可用水泥板或木板制作，长2米、宽1米，高出水面3厘米左右，中间为水体，水深保持0.5米。平台上的土壤，要求是含腐殖质较高的疏松土壤，便于种蛭造穴产茧，土层厚30厘米，忌用黄黏土。齐平台面的池边设溢水口，并用密网遮拦，防止雨水淹没平台，造成繁殖失败。池底放些石头、瓦片、树枝，种一些沉水植物。水面养殖水葫芦（占水面的1/3）可为水蛭提供栖息之处，另外对产卵有遮阴作用，防止土层水分蒸发过快，还便于水蛭附着在产卵台上。产卵平台上方设遮阳棚。池堤面上用20目尼龙网布铺成"池檐"，网片宽40厘米，长度与池堤相等，以防水蛭攀越池壁逃逸。

在北方是先把土地整平，在上面抹8～10厘米厚混合好的沙石混凝土。抹平时须注意，在欲放排水管的地方要低洼些，以便在今后排水时能顺畅地排尽。做好水泥平地之后，根据实际尺寸留下以后的管理通道之后再建造池塘，一般有1米高就够了，采用水泥和沙石的混合浆液做。因此，必须先立下内径12厘米、高度100厘米的模具，做好之后浇上沙石混合物，大约4天左右即可拆下模板。在水泥池壁没有完全凝固的情况下，距水平地面30～40厘米处放上溢水管道，注意水管要内高外低，超出墙面约5厘米长即可，以后在养殖基地内水多自然溢出时对墙壁有保护作用。

（3）大型基地建造（回字形） 水稻田地，采用挖掘机开沟可省工，距离地边缘2米开挖2米宽、0.6米深的沟渠，外围土与基地内的土按照3：1堆放，围绕所设计的欲养殖的田地周围一圈开挖，最后挖成"回"字形。在开挖过程中，遵守土地表面的熟土投放在内、在下层，生土、僵硬的土壤投放在上层的原则。严防在堆积过程中有缝隙漏水，以便于掩埋防逃网的操作。在内部的一条埂只要用挖机铲轻轻地整平即可，不要像外围似的压实，以用作以后水蛭的平台。

有的地区为了防止雨天水蛭流失，在池埂周围用砖砌成防逃沟，沟宽12厘米、沟深8厘米。新挖的饲养池，要在池底投放一些畜、禽粪便，培养浮游生物，改善水质。池底还应放些瓦片、石块或树枝，供水蛭栖息。无论是水田，还是水泥池、池塘等都必须建筑产卵平台，并围一圈尼龙密网防逃御敌。

5.2.2　新建水蛭养殖池注意事项

综上所述，新建水蛭养殖池，应注意以下事项：

（1）选址建池　选择面南背北、避风向阳、排灌方便、阳光充足的地方。小规模养殖可建水泥池，刚建好时不能立即投种，应注满水并加入食醋、尿素经一个月左右时间的浸泡，直至池壁长满青苔，这样池体中含碱物质才能清除。

选择长年流水的地方建池，有利于冬季搭塑料棚加温，促进水蛭冬季生长，明春提早繁殖，可延长当年的生长时间，有利于水蛭的稳产高产。商品蛭的养殖面积以0.2～0.3公顷为好，适合浮游生物繁殖，对水蛭快速生长极为有利。做好防逃工作，进出水口处用密网封好，养殖池四周用密网布围严。

（2）种池准备　池塘周围接近水源处用富含腐殖质的疏松沙质土壤（必须非污染、非碱性）建成宽约60厘米的平台。池底铺放一些石块和树枝供栖息，至少1/2以上的区域面积种上水草等植物。同时应设置深（40厘米以上）、浅（20厘米）水域，或每隔5米自池底将屋瓦正反相叠铺至平台处，供水蛭栖息及躲避高温、强光（新建池用）。为了增加水的肥度，供螺、蚌类、水草生长以及微生物的生成，每亩撒入发酵晒干的鸡、牛、羊、猪粪13立方米，放入池底并用泥土覆盖20厘米，放入清洁无污染的水。旧鱼池应清塘后或用茶饼、巴豆及五氯酚钠等药物杀灭水中的有害昆虫。提前3天用食醋10克/立方米或浓度0.4克/立方米优氯净或强氯精（鱼安）消毒，绝不可用生石灰。做好前期工作，再加上充足的阳光、空气和水，就能获得食物链的良性循环。这样成本低、效果好，食物链匹配的越合理，水质也越清新，溶解氧也越充足，浮游及底栖动物的生长就越快，随之水蛭放养密度就能提高，为高产稳产奠定基础。

（3）场所的选择和池体的建立　水蛭一般生长在天然湖泊、河沟、池塘和水田中有泥土的地方，尤其喜欢在植物的植株、残株及有石块的地方藏身。所以在建池时要铺砖头石块及残株树枝，作为水蛭的栖息床。

围栏采用一池两围的办法设置。一般采用1米宽的尼龙网或窗纱，其中20厘米埋在地下。每隔1米有1根支撑柱，用竹竿或水泥柱均可，但支撑柱要放在隔离网的外面，同时隔离网要适当向内倾斜。在两层围栏中间，还要设置隔离沟。隔离沟宽10厘米、深5厘米，沟内撒生石灰。阴雨天晴后，要向沟内及时补充生石灰，以防水蛭外逃，做到万无一失。

如果养殖池渗水，首先要对池底进行防渗处理，加用三合土打垫、铺设塑料薄膜等。其次是在处理后的池底面上，放一些有机质含量较高的泥土。最后，在泥土上再放一些大小适度的鹅卵石，以供水蛭附着和隐藏。

注水口一般要高于水面，使注水口和水面之间有一定的落差。排水口一般有两个：一个为超水面排水口，如因下雨等原因使水面上涨时，可通过此口将多余的水排出养殖池外；另一个是排水用的排水口，当需要清池时，可使水全部排出养殖池外，一般设在养殖池的底部。不管哪一种排水口，都要严格加设防逃网罩，在排水时，要时刻检查网罩是否有破损，防止水蛭外逃。

投料台是投放饲料的地方，一般可间隔5～10米设1个投料台。养殖池较宽时，投料台要深入养殖池中，以使投放的饲料均匀。

饲养池的建立可根据各地的自然条件，如在偏远的山区或农村可利用野郊荒沟，但要注意在雨季水不能溢出，以免水蛭随水跑掉。没有荒沟废地的地区可选择背风向阳、土质坚实、不漏水的地方挖池，也可以在房前屋后建水泥池。池体设计时要保证能排水、能灌水，以便换水。池体的大小可根据养殖规模而定，一般每平方米投放 120 条左右。水蛭不喜欢强光，可在池中种些水草，以便其吸附遮阴。

（4）池塘生态环境营造　水蛭喜欢在池底及池岸较坚硬、石块较多的水中生活，常聚集在岸边的浅水生的植物、岸上的潮湿土壤或草丛中。养殖池中除了设置岸坡、岛滩和种草之外，还应设置浅水区和深水区。水蛭的繁殖因时间、地区、季节及环境的不同而有差异，长江中下游，4 月份起，会有部分水蛭择近水边浅土层中造穴产卵，5～6 月是孵化期，在这段时间，需在浅滩、池坡处给予安静的环境条件。饱食后的水蛭，白天多以穴居为主。摄食不足时，会暂栖于水生植物间，或吸附于池壁等处，凭借其灵敏的嗅觉和听觉，会随时快速地出击猎食。目前，人工养殖水蛭应以生态养殖法为主，有条件的可用大棚温室作养殖试验和驯化试验。养殖池中，至少要有 1/2 以上的区域栽种水生植物。水蛭营两栖生活，容易通过狭窄的缝隙外逃，采用细密筛绢布在养殖池四周防逃是必要的。在建造养殖池时，要充分考虑到水蛭的天敌入侵，要有必要的防范措施，以阻止天敌进入养殖池内。

在陆地表面要种植一些树木和草皮，在靠近养殖池处还要栽种一些藤萝植物，最好向养殖池池面上攀缘茎枝，起到遮阴避光的作用。同时在养殖池的水底也要种上一些水草类的植物，为水蛭创造一个良好的生存环境。

把水蛭养活并不难，要养出好效益却不易。水蛭原本生活在自然环境中，人工养殖时，若小环境小气候不予配合，其生长必将受阻。缸养、小池水水体养殖，绝对形成不了效益。新建水泥池，其池体的碱性物质需经过长时间的淡化后才能投入种苗。但一般也不主张建水泥池养殖，因为水泥池不利于生物链的匹配与平衡。新建的养殖池，也不能一次性就投足种苗，只能待养殖池总体环境条件逐步趋向食物链综合平衡以后，才能逐步加大投种量。更不能机械性地认为每平方米、每立方米可投放多少条，投放量应根据养殖池的具体条件与水蛭生长状况之间的良性平衡而定。

5.3 旧池改造

在生产中，除了新建水蛭养殖池外，还可以利用旧池改造进行养殖水蛭。

（1）废弃的河沟，挖掘隔断，建成大小不一的串联性池塘。每2~3池为一组，将两池共用池埂挖断，留出进排水通道，稍加改造而成，清除过多淤泥，留底泥20厘米左右，在水深50~80厘米处，四周修建宽1~1.5米平行带或稍有斜坡，与新建池所建中间岛一样，作为水蛭产卵、孵化的场地（或称产床），产床以上的边坡坡比可按1∶2.5设置，将原来的进排水闸，在水深50~80厘米处，改装成进排水管。这样既可活跃水体利于交换，又便于管理和收获，可收到很好的使用效果。

（2）利用现有的池塘开展鱼蛭粗放混养，也可利用现有的浅水塘或低产田，挖若干小池连片精养。水面宜小不宜大，一般以30~60平方米为宜。池塘长10~20米、宽3米，池埂高1.5~1.9米，水深0.8~1米，最后连片构成大池。每小池对角各设进出水口1个，并用密网封口，防止水蛭外逃。池底适当投放一些石块和水生植物，以便水蛭栖息和生长。

（3）利用已有的养鱼池、甲鱼池或农村旧水坑进行改造。要求塘壁、塘底用砖平铺，以水泥勾缝，塘边起两埂20~30厘米（不起埂时，水面要低于塘面20厘米），雨天要有防雨设施，以防雨水流入水面，水蛭顺水而逃，在地平面处还要设排水管，塘底铺15~20厘米厚泥土，塘边水面处还要放置石块、树枝、水草供蛭栖息，塘中间一般每5平方米设一个0.5平方米大的投料台，投料台低于水面3~5厘米。

利用旧池塘养殖水蛭之前，首先要进行旧池的改造，即将旧池内的水放出，清出淤泥，把池底整平，池底和池边夯实，池底铺25厘米厚的菜园土，安排进出水口，在水位线的上方、四周要建一个50厘米宽的产卵台，供水蛭栖息和产卵。为了防止水蛭逃跑，可在池塘四周架设防护网，网高50厘米左右，窗纱、尼龙网均可。

旧鱼池应清塘，用茶饼或五氯酚钠等药物杀灭水中的虾、蟹、杂鱼等有害物种。还可用"敌杀死"兑成一定的浓度浇入塘内，一般 3 天内即可看见鱼虾等被杀死。这样处理的水应在一个星期内全部排放完毕并重新注入新水，15 天后再次将水放掉并重新注入新水，所有的水都要在水蛭投放前 3 天，按每立方米水体 10 克食醋或 0.4 克优氯净进行消毒。

　　除了以上的方法，还可以用 600～700 平方米的池内撒入生石灰 75～100 千克，均匀撒于池底，而后注入 20 厘米深清水，24 小时后，将水加深至 1 米。试水 10 天后，将待放入塘中的水蛭取 10 条，放于纱网置于水中，每隔数小时观察纱网中的水蛭情况，连续观察 24 小时，若无异常，即可将待养水蛭放入塘中。

　　作为一项副业，水蛭养殖也可套养在茭白田、藕池或稻田中。小规模养殖可建水泥池，经灌水，水中加入食醋、尿素经 1 个月左右的浸泡，直至池壁长满青苔。经水冲，清除水池含碱物质后才能使用。

　　以江苏盐都县义丰镇养殖水蛭为例，其养殖面积已达 66 公顷，大都是利用废弃的旧鱼池或闲置的池塘等建池模拟自然环境养水蛭，节省了投入，充分利用了水体。一般建池养殖水蛭，饲养周期一年半（常温养殖），产值达 8000～10000 元。

5.4　无水养殖池的构建

　　水蛭的交配、产卵和孵化都是在潮湿的菜园土中完成的，因此人工养殖水蛭也可以在无水的环境中进行。无水养殖水蛭适于冬季室内加温饲养，即建一水泥池，面积可大可小，池内不注水，只铺 30 厘米厚的腐殖土并保持土层湿度在 20% 左右，土层上盖稻草、麦秸、树叶或杂草等，便于水蛭隐蔽。每 3 天洒些水保持覆盖物和土层有一定的湿度，防止土层中水分过快蒸发，每 3 天投饵料 1 次，饵料以田螺为宜，没有田螺时放入动物鲜血块也可以。在缺乏水草的池子里，水中也可以投一些树枝、竹片等，便于水蛭附着。

5.5　日光温室的构建

　　在自然界，冬季水蛭都会进入冬眠状态。而人工养殖水蛭，为了提高产量，增加经济效益，就需要打破水蛭的冬眠习性，使其在冬季也能正常的生长和繁殖。这就要采用日光温室，为水蛭创造能正常生长繁育的条件。

日光温室是靠太阳的热辐射来获得热量，夜间的热量也主要依靠白天积蓄的太阳辐射热能，但在北方有些地区，如遇连续大风降雪恶劣天气，室外气温有可能达到摄氏零下十几度到几十度，这时室内则需要人工加温。因此，不同地区日光温室的建造方式、增温措施是不尽相同的，应根据当地的实际情况加以建造。

5.5.1　日光温室建造的原则

建造日光温室在实用的基础上，应重点考虑以下几点：

① 采光蓄热和保温性能良好；

② 规格尺寸和规模大小适当；

③ 有足够的强度，能抵抗大风、降雪等产生的负载；

④ 能合理地调节温、光、水、气等环境条件；

⑤ 建造材料尽量就地取材，注重实效，降低投资成本。

5.5.2　日光温室建造的要点

太阳辐射的主要波长范围在 0.15~~4 微米之间，约占太阳辐射总能量的 99%。根据太阳辐射的性质，在建造日光温室时，重点应考虑以下几个要点。

(1) 温室的方位与透光　日光温室建造的方位一般都是东西延长，坐北朝南，应以当地中午 12 时的太阳方位为准。但在实践中有人认为朝南的方位偏东，这样早晨可提前揭开草苫，使光线尽早照射。因为早上太阳未出来之前，温室内的温度最低，这样偏东的坐向，可尽快提高温室内的温度。也有人认为应朝南偏西，这样的优点是可以延长下午的日照时间，有利于蓄热。不论采用哪种方式，偏向不宜超过 10°角。

(2) 塑料薄膜与采光　目前我国的日光温室大都选用塑料薄膜作为采光屋面的透明覆盖材料，厚度一般在 0.08~0.12 毫米之间。无滴水薄膜，可减少水滴对光的反射和吸收转化成的潜热，增加透光率。与其他薄膜相比，无滴膜可使温室内普遍增加 2～4℃。

（3）前屋面的角度与透光　阳光照射到薄膜屋面上以后，大部分透入室内，但也有部分光被薄膜吸收相反射掉。薄膜的吸收是固定不变的，而透过和反射成反比关系。在实践中得知，入射角越小，透光率越高；反之则透光率越低。这里的入射角就是入射光和法线之间的夹角，但是太阳的高度每时每刻都在变化着，温室采光面的坡度，不可能随太阳的高度变化而变化。因此温室采光面坡度的确定，不同地区应该是不一样的。原则上以每年温度最低时太阳高度为准，这时可以在气温最低时最大限度地提高温室内的温度。当然入射角以 0°为最好，但最大不宜超过 40°。

5.5.3　日光温室的设计及材料选择

（1）日光温室的总体尺寸

① 跨度　是指自温室南侧底脚起至北墙内侧之间的宽度。跨度一般在 6～7 米之间，这样的跨度，配以一定的屋脊高度，可以保证前屋面有较为合理的采光角度和较便利的作业条件，也可以保证水蛭有较充裕的生存空间。

② 高度　是指屋脊至地面的高度。高度大时可直接增加前屋面采光效果，既有利于白天的透光，又增加容热的空间。但高度过大，夜晚散热较快，又不利于保温。在实践中得出，跨度在 6 米的日光温室，高度以 2.6～2.7 米为宜；跨度在 7 米的日光温室，高度以 3～3.1 米为宜。

③ 前后屋面的角度　前屋面的角度是指塑料薄膜屋面与地平面的夹角。前屋面的角度大小对于光的接收有直接关系，一般应掌握在 23°～28°之间，但具体的角度要根据太阳的高度而定。后屋面的角度，一般由后墙高低来决定，角度越大，越有利于吸收和贮存热能，但不利于夜间保温。因此，一般以后屋面在立冬至翌年立春之间中午能接受直射阳光为宜。

④ 墙体和后屋面的厚度　墙体的厚度，一般在 0.8～1.5 米之间。不同地区有所不同，越偏北，室外气温越低，墙体应越厚。后屋面的厚度，一般可掌握在 40～70 厘米为宜。

⑤ 防寒沟　是在日光温室前底脚外侧挖 1 条地沟，内填干草、马粪或细碎秸秆等保温材料。沟深 40～60 厘米，宽 30～50 厘米。最好在防寒沟的四周铺上旧薄膜，沟面要用草泥盖严，防止雨水渗入沟内。

⑥ 通风口　主要用于调节室内的温、湿度。通常采用 3 块薄膜对接的方法。第一道接口距屋脊 1～1.5 米，上片压下片 20～30 厘米；第二道接口距地面 1～1.2 米，下片压上片。接口处的薄膜要增加一道拉绳，也可热合或缝合在薄膜边上，增加拉力强度。

⑦ 进出　面积较大的日光温室，应在其一头设作业间，并在山墙上开门，作为出入口。当然出入口越小越好，以方便进出为宜。作业间既可供作业用，又可以避免冷空气直接进入温室。对于没有作业间的日光温室，可在进出口处安装门，平时注意关严，防止冷空气侵入。

⑧ 温室长度　温室的长度应根据养殖规模而定，但一栋温室太短（20 米以下），山墙遮阴面积占温室总面积比重较大，这样就形不成温室效应；温室太长（60 米以上），操作和管理不方便。一般温室长度在 30～60 米之间较为适合。

(2) 日光温室骨架、墙体、后屋面和采光保温覆盖材料的选择　日光温室的设计建造要以就地取材、注重实效、降低投入为原则。

① 骨架材料　骨架材料可分为竹木骨架、钢筋混凝土预制件与竹拱杆混合骨架和钢筋或钢管骨架多种。一般情况下使用混合性的骨架较多，即柱等用钢筋混凝土预制件为主，南北方向用竹片，间隔 20～40 厘米，东西方向用 8 号铁丝。铁丝靠近屋脊的间隔应近一些。铁丝固定在山墙外的地锚上。

② 墙体材料　墙体材料一般可用土墙、砖墙和空心砖等。墙体的作用是减少室内温度的散失和室外冷空气的侵入。

③ 后屋面材料　总的要求是轻、暖、严，并要有一定的厚度。后屋面材料的作用是白天温度高时能贮存热能；当夜晚室内温度下降时，又把贮存的热能释放出来，保持室内温度的平衡。后屋面材料普遍采用玉米秸作房箔，再抹上两遍草泥。

④ 保温材料 保温材料一般有草苫、纸箔、棉被和无纺布等。

5.5.4 日光温室的类型和种类

（1）日光温室的类型

① 传统型日光温室 传统型日光温室的后墙多为夯实的土墙，墙高 1.2～1.5 米，墙体厚约 0.5 米，屋脊高 1.8～2 米，前柱高 0.6 米，每间宽 3.5～4 米。每 3 间设 1 个火炉加温，后墙与脊柱间（包括人行道、烟道等）宽 1.2～1.3 米。这类温室的优点是升温快，保温性能好，省燃料；缺点是跨度小，空间小，操作不方便。

② 通用型日光温室 通用型日光温室是在传统型日光温室的基础上，经改良而来。它克服了传统型温室的缺点，后墙改用砖砌，厚约 0.5 米，墙体高 1.5～1.8 米，屋脊高 2～2.2 米，后墙至脊柱间距 1.2 米。每间宽为 4.5～5 米，在各温室后墙可设 1 个通风孔。后屋面多采用水泥盖板。

（2）日光温室的结构种类

① 江南地区结构种类 这个地区的温室不需要有后墙，在结构建造上有竹木结构的，有水泥支柱、竹木或钢筋混合结构的，也有金属线材焊接支架或镀锌钢管结构的。

a. 竹木结构 用竹木作立柱起支撑拱杆和固定的作用，横向立柱数依横跨宽度而定，长度不等，宽度可掌握在 10～15 米之间，设 5～7 排立柱。最外边两排立柱要稍倾斜，以增强牢固性。拉杆起固定立柱、联结整体的作用，使整体不产生位移。

b. 混合结构 是用水泥、钢材、竹木建材混合建成的，比单纯竹木结构牢固耐用，但费用要高一些。可用水泥立柱、角铁或圆钢拉杆、竹拱杆、铁丝压膜线。在建造时，两根立柱间横架的拉杆要与立柱联结牢固。两根拉杆上设短柱，不论用木桩或钢筋做短柱，上端都要做成"Y"形，以便捆牢竹子拱杆，而且短杆一定要与拉杆捆绑或焊接结实，使整个体系牢固。

c. 无柱钢架结构 无柱钢架结构一般宽为 10～15 米、长 30～60 米、中高 2～3 米。由于无支柱，拱杆用材为钢筋，因此，遮阴少、透光好、便于作业、坚固耐用，但一次性投资较大。一般采用直径12～16毫米的圆钢直接焊接成人字形花架当拱梁。上下弦间距离，在顶部为40～50厘米，两侧为30厘米，上下弦之间用直径8～10毫米钢条做成人字形排列，把上下弦焊接成整体，两端固定在两列的水泥墩上。

d. 无柱管架结构　无柱管架结构是采用薄壁镀锌钢管为主要材料建造而成。管架材料规格为（20～22)毫米×1.2毫米，内外壁镀0.1～0.2毫米厚的镀锌层。单拱时拱杆距为0.5～0.6米，双拱时拱距可达1～1.2米，上下拱之间用特制卡夹住并固定拱杆。底脚插入土中30～50厘米固定。顶端套入弯管内，纵向用4～6排拉杆与拱杆固定在一起，用特制卡销固定拉杆和拱杆，呈垂直交叉。为了增加牢固性，纵边四个边角部位可用4根斜管加固。

② 长江、黄河间地区结构种类　这个地区的温室主要是要增设风障。风障的形式多种多样，可用作物秸秆编织而成，也可用砖砌成，为了长久使用还可用水泥钢筋浇铸，总之应与主体建筑相适应。

③ 黄河以北、长城以南地区结构种类　可分为长后坡和短后坡方式建造，采用何种方式可根据实际情况具体确定。

④ 长城以北地区结构种类　该地区冬季气候十分寒冷，其温室除后墙采用保温措施外，室内还应采取增温措施，以减少昼夜温差，保持棚内温度相对均衡。

第6章

水蛭生活的环境

　　水是水蛭生长栖息的主要环境。因此池水管理对水蛭养殖是否成功至关重要，绝不可轻视忽略。池水管理是一个既简单又复杂的过程。

　　水蛭对水质和环境要求不严。水温一般保持在 15～30℃ 生长良好，在 10℃ 以下停止摄食，35℃ 以上影响生长。人工饲养一般密度较高。水质应保持清洁新鲜，要防止油类、农药等污染饲养池。要稳定池水溶解氧量，7 月中旬至 8 月下旬，温度高时应适当换水。饲养水蛭的水塘，要严禁其天敌进入，如鳝鱼、甲鱼、黑鱼、鲶鱼、水禽等。蛭和鱼虽能混养，但只限于鲢鱼之类。东北地区冬季寒冷，越冬时池水要深些，一般在 1.5 米以下，以防止池水结冻到池底冻死水蛭。水蛭抗逆性强，如将其切断饲养能由断处长成新体，一般无病害发生。

6.1　水蛭对水质的要求

　　水质管理是一个复杂又矛盾的过程，需要养殖者自己不断体会和总结。水质的管理简单地说，是要保持良好的酸碱度，要有较高的含氧量和丰富的微生物。养殖过程中要注意调节水质，水环境变化过大或变坏，都会影响水蛭的生长和繁殖。水色以黄褐色、淡绿色为好。水深保持 60 厘米以上，水体透明度控制在 10～20 厘米。要保持水质清新，做到勤换水或保持微流水。

　　在采集药用水蛭时，应选择无污染、无化肥、无农药残留的水域，以提高水蛭的药用质量。同时，人工养殖水蛭应避开污染源，否则会使养殖的水蛭因水质不适而外逃或造成大量死亡，给养殖户带来不应有的损失。

水蛭对环境和水质要求不严，在污水中也能生长，但人工养殖密度大，以水质保持清洁为好。水质管理保持良好的酸碱度，pH在 6.5～7，以中性为好。含氧充足，水体溶解氧量不低于 3.5 毫克/升，以适宜的水体透明度 20～30 厘米来衡量。总之要保持良好的酸碱度，要有富裕的含氧量，要有丰富的微生物。

（1）含氧量　水是水蛭生存的主要条件，直接影响其生长、发育、繁殖。在养殖水体中影响水蛭生存的最主要因素，就是溶解在水中的氧气。水中的含氧量是与水蛭活动关系最密切的元素，也是衡量水质的重要标准。一般的淡水鱼对水中含氧量的需求为 4～5毫克/升，而水蛭相对于鱼类要耐缺氧一些，一般水含氧量在 2～2.5 毫克/升即可，若低于 1 毫克/升就不进食了。但也并不是溶解氧量越多越好，如果一个水域中的氧气长时间处于过饱和状态，那么这里的水蛭很容易生病。倘若水体缺氧，最好不要使用一些化学类的增氧剂。

（2）溶解氧量　水体溶解氧量高低对水蛭成活率影响很大，最低不能低于 0.7 毫克/升，水体溶解氧量不足时，应增氧。否则，水蛭会因体力消耗体质减弱而死亡。水体透明度要求 20～30 厘米，淡绿色、绿色或深绿色，超过 30 厘米，说明水瘦，应施畜禽粪增殖浮游生物，若透明度不足 15 厘米，要灌清水冲淡。

水体最适宜的 pH 应为 6.5～7。如果 pH 低于 6.5，水中加生石灰每亩 30 千克，调节 pH 达 6.5 以上。如果 pH 达 7.5，水中加工业醋酸每亩 2 千克，调节 pH 至 7.5 以下。水质恶化应急措施是放去 1/2 池水，新加 1/2 调剂好的温水。

虽然水蛭生命力极强，然而水源一旦被化学物质污染，极可能使水蛭"全军覆没"。宽体金线蛭比医蛭的耐污性和抗药性差，0.28×10^{-6} 的升汞或 0.14×10^{-6} 的硫酸铜即可杀灭它。因此，这里再次强调，养殖池要在远离污染源和经常施药的农田处修建，池内多植水草，保持水质相对洁净和一定的溶解氧量，适当增加河蚌投喂量而控制血液投喂量，防止化学污染，农用化肥、农药以及各类洗涤用水均不能流入养殖池，以防水蛭中毒死亡。

（3）pH值　水蛭生长适宜的酸碱度以中性为好，pH值在6.5～7。碱性环境对水蛭生产不利，水蛭对碱性非常敏感，生长在碱性环境中很容易死亡。过于酸性也不行。酸性水质易发腐，散发刺鼻气味。溶解氧量高低对水蛭养殖成活率影响很大，溶解氧量越高越好。溶解氧降低，时间过长水蛭也易致死。溶解氧量过低，水蛭会因体力消耗过大，逐渐死亡。丰富的微生物、有机质可以为水蛭生长提供充足的食物，但微生物、有机质过多，溶解氧消耗过快，也不利于水蛭生长。

因水蛭对碱性敏感，因此，消毒时不宜用生石灰进行。可用强氯精，用量为每立方米水体放入0.3～0.5克强氯精。此外，水蛭不耐碱，养殖水体要求偏酸性，如水源偏碱需使用醋酸或磷酸二氢钠调节pH为6～7。

（4）水温　水温宜保持在15～30℃，10℃以下水蛭停止摄食，5℃以下进入冬眠。温度高于35℃时，表现烦躁不安或逃跑，这时应适量注水提高水位或增加换水量，以降低水温。一般当水透明度小于25～35厘米时，就要及时换水，同时及时清理已死亡漂浮于水面的螺，减轻对水的污染。因人工养殖密度高，水质以保持清洁为好。7～8月是水蛭第二次产卵期，时值水温较高，在人工高密度养殖的条件下更要适当换水，保持池水清新，保证一定的溶解氧量。

7～8月水温较高，可考虑架设防晒网遮阴。要注意适当换水，一般7～10天换1次水，要视具体情况而定。当水透明度小于25～35厘米时需换水，同时清理已死亡漂浮在水面的螺、蚌尸体。需要注意的是，很可能螺壳内有幼蛭，用镊子将其取出，以减轻对水的污染。

如果换池的水是含有氯气的自来水，必须在一个储水箱内曝气24小时以上。要尽可能保持容器内水的清洁，避免因水受污染和缺氧造成死亡。水蛭体内在浓缩食物的过程中，也会排出大量的残渣和黏液，会污染容器内的水。在炎热的夏天几乎每天都得更换新鲜水并及时清除螺壳和死去的水蛭尸体。换水的频度依据水温、饲养的密度以及水蛭个体大小决定，流水系统最为理想。

池塘养殖水蛭虽然水体较大，不容易腐败，但也要注意水质以黄褐色、淡绿色的水体较好。水深 60 厘米，水体透明度 10～20 厘米，pH 呈中性或微酸性。水蛭在繁殖期应保持水质清新，做到勤换水或保持微流水。新开池放养前每亩施入畜粪 250～500 千克，几天后即可达到肥水的目的，而后很快繁殖出大量的浮游生物，水蛭一下池就可得到适口的饵料。

因此，要注重建立养殖生态体系的池塘，一般水质不易变坏。平时只需 10～15 天冲水 1 次，更换 1/3 的池水即可。夏天高温季节，应适当加大换水量。一般隔天换水 1 次，每天换水量为 1/3 左右，每天要清除残饵和碎贝壳及水面螺壳。在繁殖季节，应每天适当冲水或造成微流水，以促进亲蛭的性腺成熟。若遇下雨天，要疏通水池溢水口，水面不能溢过平台，保持平台距离水面 20～30 厘米，否则会造成水蛭人工繁殖失败。

水蛭适宜水温 15～30℃，10℃下便停止吃食，30℃以上停止生长。所以在养殖过程中要注意防高温和低温。高温时可搭遮阴棚防暑，低温时可覆盖塑料膜。春季应降低水位，以利于水温升高。夏季应适量注水提高水位，或增加换水量，或在池塘上方搭遮阳网，或种植水生植物以降低池塘水温。为了使水蛭有一个良好的生存环境，应在蛭池内放养丰富的水生植物，如水花生、水浮莲、水葫芦等，使水生植物生长连片，占池水面积的 1/5。水蛭高温天气需要遮阴，水生植物不仅给水蛭提供隐蔽场所，而且还可以吸收水中肥分，净化水质。另外，养殖水蛭必须检测酸碱度，水和土壤的 pH 值不大于 8，否则要排出池水后加入新水。微生物可为水蛭提供充足的食物，但微生物生长过多会与水蛭争空间，溶解氧消耗过快，也不利于水蛭的正常生长。因此，水质管理是一个复杂的过程。

通常要求水质不能过肥也不能过瘦，以水的透明度在 20～30 厘米为宜，若一眼看到池底，说明水太瘦。若一眼只能看 10 厘米左右，说明水太肥。过瘦的池水可加入畜禽粪便增加浮游生物，过肥的水要加注清水稀释。根据水质的肥瘦程度适当补充肥料，施肥应把握少量多次、有机和无机相结合的原则，有机肥要充分腐熟。

6.2 水蛭对水位的要求

水的管理是一个既简单又复杂的过程。水是水蛭生长栖息的主要环境，因此，水的管理对水蛭的养殖是否成功至关重要，决不可轻视忽略，更应在日常管理中放在重中之重。由于水的因素不易被养殖者量化，因此往往只感觉到其颜色气味等，而忽略了对其他因素的重视，只是简单地换水而不知这样做的目的。

水蛭大都活动在沿岸和浅水流域，很少在较深的水底出现。水蛭高度聚集在沿岸一带的浅水水生植物上或岸边的潮湿土壤或草丛中。这些地方一方面营养物质比较丰富，食物来源广泛；另一方面也便于隐藏身体和便于防御。

水蛭养殖池水位应保持在浸润产卵台土层5厘米左右，这样水面浸润着产卵平台下层，使产卵台上的土层常年保持湿润。在这一基本原则下可以根据气温、水温来调节水位。在日常水位管理中，每天要检查水位线的高低，及时进行水位调节。尤其是阴雨天气，要防止排水口堵塞，造成水位过高。春季气温渐暖，阳光明媚，但水温不高，这时应降低水位，利用光照提高水温；夏季气温高，属于干旱少雨季节，水温亦高，水分蒸发会造成水位下降，应提高水位，及时补水，稳定水位，使水体底层温度降低，为水蛭创造适宜的环境；秋季气温逐渐降低，水温也在降低，晴天用降低水位的方法使阳光照射水体升高水温；冬天为了保持水底的温度，也要升高水位。

水位一定要固定，不可忽高忽低。水位的高低对于产卵台土层的温度影响很大，过高，淹没产卵台，水蛭产卵没有安定的环境；水位下降，产卵台土层湿度过低，会逐渐干燥变硬，不利水蛭钻入栖息和产卵。因此保证产卵台土层有一定的稳定环境，控制水位非常重要。

在日常管理中，每天要检查水位线的高低，及时进行水位调节。尤其雨天要防止排水口堵塞，造成水位过高，夏季或干旱少雨季节水分蒸发也会造成水位下降，要及时补水，稳定水位。

水蛭繁殖期间的水位要始终与产床保持20厘米左右，以后水位要逐渐加大。当孵化完毕，一般在小麦收割后 10 天左右，则可加水淹没产床，并随着温度的增高，可加深到 1.2 米以上。

6.3 水蛭对温度的要求

环境温度能影响变温动物的所有代谢过程，是最重要的外界因素之一。在低温下变温动物新陈代谢受到抑制，营养物质的消化吸收率下降，从而生长减缓。随着温度的升高消化酶的分泌增加，酶活性得以释放，营养物质的消化吸收率增加，生长速度加快。水温过高时，酶吸收了过多的能量，导致酶的失活或者活性被抑制，造成机体代谢紊乱，生长速度变慢，体质下降，甚至导致死亡。

水蛭对环境和水质要求不严，水蛭生长适宜的水温是 13～35℃，最宜是 20～30℃，以 28℃ 为最佳。在秋末冬初，当气温低于 10℃ 时，水蛭停止摄食，蛭类开始进入水边较松软的土壤中，潜伏深度在 15～25 厘米（长江流域为 7～15 厘米），进入冬眠状态。第二年开春后，地温稳定通过 14℃ 时，水蛭开始出土。水温是影响水蛭繁殖的重要环节，水蛭交配需要温度在 15℃，卵茧的孵化温度在 20℃ 左右。温暖的水流可以促使水蛭卵茧的孵化进程。35℃ 以上影响生长，水蛭表现烦躁不安，易逃跑。这时应适量注水提高水位或增加换水量，以降低水温。一般当水透明度小于 25～35 厘米时，就要及时换水。同时及时清理漂浮于水面的死亡螺，减轻对水的污染。因人工养殖密度高，水质以保持清洁为好。

7～8 月份是水蛭产卵高峰期，温度直接影响水蛭的成熟、产卵和孵化。水蛭产卵、孵化适宜温度为 20～30℃，最好控制在 25℃ 左右。湿度对水蛭卵茧的孵化和幼蛭的发育影响很大，产卵平台的相对湿度要求保持在 70%～80%，当发现基质（土层）表层失水干燥时，应及时用喷壶喷水，平时可覆盖一层水草。

如 7～8 月水温较高，在人工高密度养殖条件下，更要适当换水，保持池水清新，保证一定的溶解氧量。为了防止水质恶化，定期用漂白粉泼洒，以防疾病的发生。实行控温养殖。水蛭要求水质以中性为佳，如果碱性太强，不宜生长，甚至死亡。

人工养殖时，水质以保持清洁为好。有条件的养殖场户，要营造良好的水温环境，可以搭建大棚提高水温，覆盖遮阳网降低水温，来防止春秋季早晚水温下降，防止夏季中午水温过高，尽量不使水温超过35℃。小面积养殖池一般水位较低，一定要注意夏季水温过高，发生水蛭中暑死亡。冬季只要有越冬土层，水蛭可自然冬眠越冬，只要不结冰，水蛭冬眠就很安全。

夏季太阳直射容易使水温升高，高温季节应避免水温过高。若养殖池周围无树木遮阳，应在水池上搭建遮阳网，在池边种些遮阳植物，并常换水，以调节水温，防止水温超过30℃。冬季气温低的时期池面覆盖塑料薄膜保持水面不结冰，水深保持0.8～1.0米，使池底水温保持在4～8℃，保证水蛭安全过冬。早春、晚秋气温较低，昼夜温差大时，养殖池上加盖塑料膜保温，使水温稳定在20℃以上，水蛭可继续生长。温度过低的井水，须经过一定的流程，待温度升高后再用。当气温低于10℃时，为协助水蛭越冬，可以在池塘周围遮盖稻草等物取暖，也可将育种水蛭集中在塑料棚内保温。

当运输到种蛭池边时，要测量种蛭盘中的温度和池水温度，两者的温差保持在3℃以内。若温差达5℃时，水蛭身体会局部结块僵硬，这时应逐渐缩小温差达到适宜范围，再进行消毒处理。由于水温对水蛭的生长有显著的影响，因此在人工养殖水蛭时，可以通过人工控温的方式把水温控制在20～25℃范围内，使水蛭保持最快的生长速度，在最短的时间内取得最大的经济效益。

就水蛭养殖而言，一般是6月份买苗，9月中旬出塘销售。而且，出塘前的1个月时间是水蛭成长最快的阶段。再从水蛭的生长情况来看，最适宜的温度在25℃，且需要温度基本恒定。但八九月份往往是昼夜温差比较大的时候，如果控制不好，就会导致水蛭生长缓慢，甚至死亡。

宽体金线蛭是生活在大湖与河滩的北方种，不能忍耐高热和暴风雪，比起南方的炎热，宽体金线蛭更能适应北方凉爽的气候。通常保持在 15～25℃以下最理想，应避免温度超过 25℃，这样产卵茧周期较长。宽体金线蛭需要在低温下蛰伏 1～3 个月才能交配和产卵茧。目前有人将成熟的宽体金线蛭投入稻田以及运往广东等地饲养与繁殖，这些都是不符合水蛭对温度要求的。

第7章

水蛭的选种、引种与繁殖

7.1 水蛭养殖的种类

我国目前已知有蛭类 93 种,通常都称其为水蛭。由于蛭类是一种名贵的动物中药材,有养殖价值和医用价值的蛭类种类较多。它们的唾液腺分泌物中含有水蛭素(抗血凝物质)、肝素、抗血栓素等物质,可治疗中风、闭经、截瘫、心绞痛、无名肿痛、肿瘤、颈淋巴结结核等症,此外还可使移植手术后静脉血管保持畅通。因此,蛭类的医用价值越来越受到广泛重视。以水蛭为原料的各种药物,已投入大规模的批量生产,并广泛应用于临床。

现在人们对水蛭的需求量大幅度上升,市场上已供不应求,但是由于化肥和农药的广泛使用及水蛭环境的严重污染,致使蛭类的野生资源日益减少,因此我国的许多地区已开展了蛭类的大规模人工养殖。目前在医学上应用较广泛的药用医蛭主要有三种:日本医蛭(稻田吸血蚂蟥),尖细金线蛭(茶色蛭),宽体金线蛭(扁水蛭)。前两种体型较小,养殖效益低。宽体金线蛭体型肥大,扁平,前窄后宽,长 6~13 厘米,宽 1.3~2.2 厘米,在我国养殖区域广,是目前我国中草药市场上经营养殖的主要蛭类。下面就重点介绍目前在医学上应用较广泛的三种药用医蛭。

7.1.1 宽体金线蛭

别名:马蛭、宽身金线蛭、宽体蚂蟥、蚂蟥。

(1)宽体金线蛭的鉴别特征 具体参见第 3 章相关内容。

(2)宽体金钱蛭的形态特征 体略呈纺锤形,前面逐渐变尖细，后面较宽且圆，体中间最宽阔。背腹扁平，但背部稍隆起。体型较大，长度一般为 60～130 毫米，宽度为 13～20 毫米，最大体长达 250 毫米、宽 40 毫米。通常背面暗绿色，有 5 条纵行黑色间杂淡黄色的斑纹，其中以背中一条色深且粗长。各纵纹上除在每节前、后环上没有或仅有很小的黄色斑点外，其余 3 环上有大的圆形淡黄色斑点，而在两侧中环上斑点变得不明显。体节感觉器小而不明显，背面每节 3 对。体的两正侧面各有一条淡色的纵带。腹面的两侧各有一条由黄褐色或黑色斑点组成的宽大纵纹。在这两条纵纹之间大约有 7 条由色素斑点组成的间断纵纹，其中以中侧一对较明显。体分 107 环，节Ⅶ背面可见 4 环，腹面只有 3 环，体中部完全体节各有 5 个相等的环。眼点 5 对，如医蛭型排列在第 2、3、4、6 及 9 环上。前吸盘小，口孔在其后缘的前面。口内有颊，颚上有两行细的齿板，无整齐的小齿，虽能刺破皮肤，但不吸取。尾吸盘亦较小，径通常不及最大体宽的一半。肛门位于最后环的背中，紧靠尾吸盘。生殖带位于第 24～42 节，共 15 环。生殖孔小，位于节Ⅵ的环沟上，即第 33 与 34 节的环沟上，常有细长的阴茎伸出。雄性生殖孔位于节Ⅶ的环沟上，即第 38 与 39 节的环沟上，孔很大，具有唇状边缘。

口腔后的肌肉咽头位于节Ⅶ～Ⅸ之间。食道是比较细长的狭管，位于节Ⅸ～Ⅻ，共 5 节。嗉囊壁薄，位于节ⅩⅣ～ⅩⅫ，并向两侧伸出 11 对侧盲囊。前 5 对每节一对，前面 2 对或 3 对甚微小。第 6 对最大最长，自节Ⅻ向后伸至节ⅩⅫ。后 5 对小而宽，形状不规则，只占 3 节地位。嗉囊后端有一小孔与球形胃相通。肠狭而短，几乎成直线，其壁较嗉囊厚很多。直肠较长，壁很薄，由肛门开口向外。消化管的内面由两类皱褶构成，纵行的皱褶从咽头开始伸至第 6 对嗉囊盲囊，螺旋形皱褶在后 5 对嗉囊盲囊中可看到。精集 9～11 对，呈圆形，位于节ⅩⅢ/ⅩⅣ～ⅩⅩⅣ的腹中线两侧。输精管向前伸至节Ⅺ/Ⅻ之间，然后连接相对小些的贮精囊前端。射精球细长，略弯曲并向里伸出射精管，贮精囊常附于它的下面。阴茎囊相当粗大，占据两节长度，并在Ⅺ神经节后开口向外。卵圆形卵巢一对，在Ⅻ神经节之后，伸出的两输卵管汇合成细的总输卵管。

总输卵管前段外有两叶椭圆形蛋白腺。阴道囊中部呈梨形膨大，前端尖细，后端通过细管开口在Ⅻ神经节之后（图7-1）。

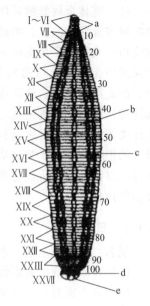

图 7-1　宽体金线蛭
a—眼；b—中央斑点；c—直侧斑点；d—肛门；e—尾吸盘

（3）宽体金线蛭的生态习性　宽体金线蛭取食螺类。冬季在泥土中蛰伏越冬，在长江流域大约 3 月底或 4 月上旬出土。如果气温较低，出土的宽体金线蛭常躲在沟边由枯草和淤泥缠结成的泥团内。天气转暖后，它们在田边活动，有时也伸展身体，静伏于水沟内，头端迎着进水水流。

宽体金线蛭产卵期在 4～6 月份，视地区不同而有差异，卵茧产在田埂中，离地面 2～8 厘米，离水面约 30 厘米，这些深度随天气的干旱程度和地下水位的高低而有变化。卵茧呈卵圆形，大小平均为 26.5 毫米×18.5 毫米，质量平均为 1.7 克。卵茧膜分两层，外部是一层海绵状保护层，里面是卵茧膜，5 月下旬至 6 月上旬孵出幼蛭。每个茧内的幼蛭数为 13～35 条，多数为 20 条左右。幼蛭自茧两端的开孔（主要是从较尖的一端）爬出，先在海绵层的网孔中盘绕一些时候，才离开卵茧。倘茧内幼蛭较多，常在第一天孵出 10 余条或 20 余条，次日孵出剩余的数条。幼蛭大小平均为 13.5 毫米×2.9 毫米。初孵出时呈黄色，体背部的两侧各排列着 7 条细的紫灰色纵纹。随着幼蛭的生长，纵纹间的色泽逐渐变化，形成 5 条由两种斑纹相间组成的纵纹。幼蛭的体型宽阔，背部纵纹显著，故易于识别。至 9～10 月份，即长成与成虫体难以区分。蛭类的再生能力很强，切断后可由断部再生出新体。

（4）宽体金线蛭的地理分布　宽体金线蛭在我国分布十分广泛，在许多省区均有发现。

(5) 宽体金线蛭的药用价值　宽体金线蛭常被用作中药。中国中医研究院西苑医院、中国中医研究院基础理论研究所和吉林省公主岭市红光制药厂用宽体金线蛭干品共同研制成功一种治疗出血性中风的中药现代化口服制剂——脑血康。此药具有强烈的活血化瘀、破血散结作用，经临床试用，有效率高达 90%，无毒副作用。其药理作用在于改善微循环，改善脑部缺氧和降低血压，而且能加速纤维蛋白溶解，促进血肿的溶化和吸收，以解除颅内占位性病变所致的损害，有利于神经功能的恢复。此药主要适用于中风、半身不遂、口眼歪斜、舌强言蹇，更适用于高血压性脑出血后的脑内血肿和脑血栓等。

7.1.2　日本医蛭

别名：日本医水蛭、水蛭、褶田医蛭、蚂蟥。

(1) 日本医蛭的鉴别特征　具体参见第 3 章相关内容。

(2) 日本医蛭的形态特征　体狭长，略呈圆柱状，背腹稍扁平。前端钝圆，在正常体态时头部宽度小于最大体宽，中段稍后最为粗大。体长 30～60 毫米（个别最大的长达 83 毫米），体宽4.0～8.5 毫米，尾吸盘直径 4.0～5.5 毫米。背面有 5 条黄白色的纵纹，以中间一条最宽和最长。黄白色纵纹又将灰绿底色分隔成 6 道纵纹，以背中两条最宽阔，背侧两对较细。由于背中一对灰绿纵纹的内侧缘有密集的黑褐色斑点相衬托，故而较明显。灰绿色纵纹在每节中环上较宽且色淡，因此看上去似由断续的棒状纹组成。体背侧缘及腹面均为黄白色，而在腹侧缘又各有一条很细的灰绿色纵纹。身体共有103 环（亦有少 2 环的），第 6/7 和 8/9 环沟在腹面消失，使之成为两环，前一环构成前吸盘的后缘。各节的环数如下：节Ⅰ～Ⅲ各 1 环，节Ⅳ～Ⅴ各 2 环，节Ⅵ～Ⅶ各 3 环，节Ⅷ4 环，节Ⅸ～ⅩⅫ各 5 个相等的环，为完全体节。节ⅩⅩⅣ4 环，节ⅩⅩⅤ3 环，节ⅩⅩⅥ～ⅩⅩⅩⅦ各 2 环。眼 5 对，大而明显，在节Ⅱ～Ⅵ背侧排列成弧形，前 3 对各占 1 环，第 3、4 对相隔 1 环，第 4、5 对相隔 2 环。体表感觉乳突很微小，腹面的更为低平，背、眼各有 3 列，大多数分布在各节的中环上，故该环称作感觉环。生殖带不明显，共占据 15 环（即第 26～40 环）。雄性和雌性生殖孔均内陷，分别位于节 Ⅺ 和节 Ⅻ，即第 31/32 和 36/37 的环沟上或在其前环的后缘，彼此相间 5 环。阴茎细长，在固定标本上常常从雄孔中露出。肛门在第 103 环背中。尾吸盘碗状，朝向腹面，其背面有延伸的体背条纹。口孔很大，口底有新月形的颚 3 枚，背中及两侧各一枚，其游离的角质纵嵴上各有一列锐利的细齿，齿数为 55～67 个。咽部有 6 条内纵褶，背中及腹侧各一对，其前端又同颚的内基相合并。在咽头和食道外侧有发达的唾液腺。嗉囊具有简单的侧盲囊 11 对，位于节 Ⅹ～ⅩⅨ 之内，前 2 对最小，仅囊壁突出些，后面的依次增大。每对侧盲囊又分为一对大的初生侧盲囊和一对小的次生侧盲囊。最后一对侧盲囊既宽又长，向后伸至节 ⅩⅩⅤ 左右。精巢 11 对，分别位于节 Ⅻ～ⅩⅫ。精巢由输精小管通到位于腹神经索两侧的两条输精管上。输精管由后向前平行延伸而进入贮精囊的前部内侧，再由贮精囊至射精球。由射精球向里伸出射精管并在第 30 环处汇入精管膨腔基部，这一部分的膨腔壁上有疏松的前列腺，并且较粗大。精管膨腔呈梨形，向后较窄并通过弯向腹面的阴茎囊在节 Ⅻ 腹神经索左侧开口向外。卵巢一对，位于节 Ⅻ 后并被包在卵巢囊内。从两卵巢中伸出的输卵管在腹中汇合成总输卵管，常常是右侧一根穿过腹神经索的下方而与左侧一根汇合。总输卵管外包有蛋白腺，并在后面与狭长的阴道囊相通。阴道囊在前面节 Ⅻ（第 36/37 环沟）腹壁开口向外（图 7-2）。

（3）日本医蛭的生态习性　日本医蛭广泛栖息于水田及其与之相通的沟渠、池塘和沼泽中，特别是常年积水或排水不良的水田和畈心田中数量最多。

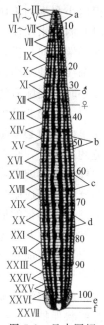

图 7-2　日本医蛭

a—眼；b—黄白条纹；c—体节感觉器；d—灰绿条纹；e—肛门；f—尾吸盘

在邻近河边且排水方便的稻田里，或山坡上水较少的田块中数量要少一些。而在经常大量施用生石灰的水田，靠海或河流两岸的稻田里，由于盐碱成分较高使其不能生存。本种既能入水游泳，又能在陆地上爬行，行动非常活跃。平时极少游动，常常停留在水边、水底或水生植物上，或钻进水边多腐殖质的软泥中。在水田里多集中在四角或田边，也有钻入田埂泥土水中，亦见有爬上稻株或躲在稻丛基部的。冬季来临，每年11月底开始潜入深土中越冬，常进入排水沟中，或就地钻入比较松软的土内。土表有一直径约2毫米的圆形小洞，穴道宽约5毫米，深度为7~15厘米，时有通道通向地表，医蛭蛰伏洞底越冬。翌年3月下旬到4月上旬，当平均气温达到10~13℃时，开始出土活动。在长江中下游地区，4月中下旬当平均温度在13.1~15.4℃时，医蛭开始交配。通常躲在绿肥田和春花田内小水沟的土块下进行交配，这些水沟是上年晚稻收割搁田排水时开的，水深仅1.0~2.5厘米，水温为10.0~10.5℃。两条医蛭的头端方向相反，各自的雌性生殖孔对着对方的雄性生殖孔，并通过细线状的阴茎插入对方的雌性生殖孔输送精子，交配持续时间约2小时。交配后约经1个月开始产卵茧，产卵茧期在平均温度19.2~21.3℃的5月中旬到6月中下旬。卵茧多产在田埂边或水渠边的泥土内，但必须是不干不湿又比较松软的土壤。先在土中钻成一个宽约1厘米，长5~6厘米，有的分2~4个岔道的斜行或垂直穴道。蛭体前端朝上停息在穴道中，环带分泌一种稀薄的黏液，由于夹杂有空气而成肥皂泡沫状，然后再分泌另一种黏液使之成为一层卵茧壁包于环带的周围。受精卵于自然孔中产出后落于茧壁和体壁间的空腔内，并分泌一种蛋白液于茧内。此后，亲体慢慢向后方蠕动退出，同时前吸盘腺体分泌的栓盖住茧前后两端的开孔。整个产茧过程历时半个多小时。卵茧产在泥土中数小时后，茧壁逐渐硬化，壁外的许多泡沫渐渐风干成为由五角或六角形短柱组成的蜂窝状或海绵状保护层。卵茧初形成时为甘蔗紫色，数小时后转成枣红色，最后变成葡萄紫色。卵茧的大小（长×宽）为（8.9~14.6）毫米×（6.2~10.7）毫米，如果卵茧壁外面的海绵层不计，则为（5.9~10.3)毫米×（3.9~6.1)毫米。卵茧产出后经16~25日即孵出幼蛭。每个卵茧中有 3～22 条幼蛭，多数为 10 条左右，早在卵茧产出后第 10～13 日即可透过茧壁看到内部形成的幼蛭。幼蛭多从卵茧较尖的后端小孔逸出，但必须先推开孔上的小栓，爬出之后在海绵层内盘绕一些时候。若幼蛭较多，则在 2 日或 3 日内分批出来。大致在 5 月底至 7 月下旬卵茧孵出幼蛭，而 6 月中旬至 7 月中旬为孵化盛期，这段时间的平均气温在 21.3～32.1℃。刚孵出的幼蛭大小为（3.7～10.4)毫米×(0.5～2.0)毫米，平均为 6.1 毫米×1.1 毫米。幼蛭的体型很像成体，一经孵出即能大量吸血。幼蛭生长迅速，孵化后 1 个月体长平均增长 15 毫米以上。到 8 月中旬，20 毫米以上的个体已占幼蛭总数的 60%，其中最大者已长达 36 毫米。到 9～10 月间，幼蛭已长到与成体难以区分。医蛭的耐饥力很强，只要每半年吸一次血，就能正常生活。由于其盲囊向两侧伸展而占据了大部分体积，故而一次可吸入大量血液。医蛭以人、哺乳动物及蛙的血为食，其消化道内未发现任何蛋白质消化酶，消化作用是靠一种共生的梗假单胞杆菌以缓慢的速度进行的。这种细菌能消化食物中的蛋白质和脂肪并能阻止其他细菌的生存，因此饱食一次可以维持较长时间，一年吸一次血也不会饿死。虽然损伤后的医蛭生命力较强，但对高温的抵抗力较差，在烈日暴晒下会死去。刚孵出的幼蛭能叮吸成蛭体内的血液。

（4）日本医蛭的地理分布　日本医蛭在我国分布很广，北起东北各省和内蒙古，西至四川和甘肃，南达台湾和广东。

（5）日本医蛭的经济价值　日本医蛭是一种重要的中药材，明朝李时珍的《本草纲目》中已有记载，主要用来治疗女子月闭、跌打损伤、漏血不止以及产后血晕等症。

古籍上还记载，把饥饿的医蛭装入竹筒，扣在洗净的皮肤上，令其吸血，治疗赤白丹肿。现代中国药典上记载医蛭的功能是破血通经、消积散瘀、消肿解毒和堕胎。近来试验用活医蛭与纯蜂蜜加工制成外用药水和注射液，治疗角膜斑翳、初发期和膨胀期的老年白内障，能使浑浊体逐渐透明。医蛭唾液腺中不仅含有水蛭素，还含有具生物活性的前列腺素，因此可以消散血栓，缓解动脉的痉挛，降低血液的黏着力，对治疗动脉粥样硬化和高血压效果明显。也有人以医蛭配合活血、解毒药，用于治疗肿瘤，近年来各国开始应用吸血医蛭于显微外科。

此外，日本医蛭以吸食人、畜及蛙类动物的血液为生，是我国水田地区重要的吸血种类，危害很大，应设法防除。

7.1.3 尖细金线蛭

别名：茶色蛭、茶色水蛭、尖细黄蛭、秀丽黄蛭、秀丽金线蛭。

(1) 尖细金线蛭的鉴别特征　具体参见第 3 章相关内容。

(2) 尖细金钱蛭的形态特征　身体细长，呈披针形，头部极细小。前端 1/4 尖细，后半部宽阔。体长 28～67 毫米，宽 3.5～8.0 毫米。尾吸盘甚小，从背面通常只能看到小部分，直径为 1.5～2.5 毫米。体背部为橄榄色或茶褐色，有 6 条黄褐色或黑色斑纹构成的纵纹，其中以背中一对最宽。各纵纹在每节中环上似有白色乳突一个。背中纹上的黑色素有规则地膨大，成为 20 对新月形的黑褐色斑，较清晰的约 18 对。每对占据前后体节相邻的两环，前后对相隔 3 环，但有时前后色斑相互连接形成两条波浪形的斑纹。这是本种外形上最明显的特征。尾吸盘背中有一对呈"八"字形的黑色斑纹。身体两侧各有一条黄色的纵带。腹面灰黄色，两侧边缘有黑褐色斑点聚集成的带各一条。体分 105 环，环沟分割明晰。节Ⅰ～Ⅲ均只有 1 环，节Ⅳ～Ⅴ各 2 环，节Ⅵ 3 环，节Ⅶ 4 环，节Ⅷ～ⅩⅩⅢ为完全体节，各有 5 环；节ⅩⅩⅣ～ⅩⅩⅤ各 4 环；节ⅩⅩⅥ 2 环等。眼 5 对，呈医蛭型排列，位于节Ⅱ～Ⅵ的两侧，即在第 2、3、4、6 及 9 环上。雄性生殖孔位于节Ⅺ即第 35 环上，雌性生殖孔位于节ⅩⅢ即第 40 环上。个别标本的生殖孔分别在节Ⅵ b6 和节Ⅶ b1 环上。两孔均为横裂缝形，具有起皱的唇，位于环的前 1/3 位置。肛门位于节ⅩⅩⅦ（即第 105 环）与尾吸盘的交界线上（图 7-3）。

前吸盘很小，口孔在其后缘的前面。口腔狭窄，内有 3 个不发达的颚，呈垫状，稍侧扁，而且两侧一对较中央一个更小。消化道

简单，呈直管状。咽头是一从口腔达至节
Ⅵ的狭长管子，与后面的食道没有明确界
线。食道短，同样与后面的嗉囊没有明确
界线。嗉囊从节 ⅩⅢ 前达至节 ⅩⅨ／ⅩⅩ，空
腔时其直径仅比咽头稍大，在与肠交界处
向后方伸出一对纤细的侧盲囊。雄性生殖
系统有精集 10 对，位于消化道的腹侧，
末对较小。贮精囊在阴茎囊与阴道囊的两
侧，常伸出在射精球以外，大小差异甚
大，通常在节 ⅩⅣ ～ ⅩⅤ 之内。其一端连接
内侧回旋被弯曲的输精管，另一端与纺锤
形的射精球相通。射精球纵卧于节 ⅩⅡ／ⅩⅢ
至节 ⅩⅣ 的两侧，长度为最大直径的 4～6
倍，有的呈 S 形弯曲，其前端连接射精
管。射精管是一对细长且具肌肉壁的管
子，从射精球的前端伸至节 Ⅺ 后，在那里
突然弯向后，其中之一在神经索下穿过。
两射精管沿着阴茎囊背面向后延伸至前列
腺的前缘。阴茎囊是一长达 4～5 体节的
棒锤体，从雄孔至后端直径逐渐加大，具
有一球形的前列腺头。雄性生殖系统有一
对卵圆形的卵巢卧于节 ⅩⅥ 内腹神经索的
两侧和一贴附在阴茎囊末端的球形蛋白
腺。两根输卵管合并成粗大的总输卵管并

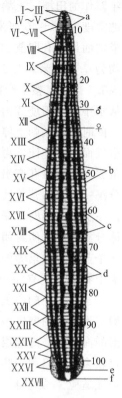

图 7-3 茶色蛭
a—眼；b—黄白色条纹；
c—体节感觉器；d—灰绿色
条纹；e—肛门；f—尾吸盘

在节 ⅩⅤ 前面与阴道囊相连。阴道囊呈葫芦形，约有 2 体节长，卧
于阴茎囊腹面，不易从上面看到全形。

（3）尖细金线蛭的生态习性　尖细金线蛭主要以水蚯蚓和昆虫
幼虫为食，不发达的颚虽能刺破皮肤，但不能吸血。在长江流域，
每年 3 月下旬至 4 月上旬从越冬状态出土活动。4 月上中旬（水温
10.5～20℃）在小水沟土块下交配。据室内培养观察，交配持续
2～28 小时不等。5 月中下旬在田边松软的泥土中产卵茧，尤其在

当年新作的田埂，土壤湿润松软，深度 20 厘米以内卵茧最多。在斜坡宽度为 30～40 厘米的田埂坡面，挖土深度约 20 厘米，则每平方米坡面最多有卵茧 92 个，最少 4 个，平均为 32.6 个。卵茧大小平均为 7.5 毫米×5.5 毫米，如不计海绵层，大小平均为 5.6 毫米×3.7 毫米。整个产卵茧的过程历时数分钟到 8 个小时不等。水蛭从水中进入田埂或沟边土中，接着钻成一个斜向上方或垂直的穴道，此时它前端朝上停息在穴道中。随后，环带部分分泌黏液，夹杂空气而形成泡沫，再分泌另一种黏液，成为一层包于环带周围的卵茧膜。卵自雄孔产出，落于茧膜和身体之间的空腔内，此时蛭体还分泌一种蛋白营养液于茧内。卵产完后，亲体慢慢向后方蠕动退出。在退出的同时，卵茧前后端的开孔先后被栓塞（由亲体前吸盘腺体分泌形成）所封闭。产完一个茧后，接着又在穴道的另一处产第 2 个茧。室内培养的亲蛭，一条最多产 4 个卵茧。在田间的一个穴道中有时发现有 5～9 个卵茧，但不知是否为一条尖细金线蛭所产。产于泥穴中的卵茧，其茧膜逐渐硬化，膜外的泡沫在风干过程中泡与泡之间的壁破裂，形成由许多短柱互相连接而成的五角或六角形的海绵层。海绵层能减少泥土对卵茧的机械损伤，并使茧周围保存较多空气以利于胚胎发育，还能减少茧内水分的丧失，是一项保护性适应。幼蛭自 5 月下旬起陆续孵出，每个卵茧内含 5～17 条幼蛭。从卵茧形成到孵出幼蛭，一般需时 15～20 日。卵茧的孵化盛期在 6 月的上半月，到 6 月中旬大体上已孵化完毕。刚孵出的幼蛭大小为 (4.7～7.3)毫米×(0.5～1.0)毫米，平均大小为 5.8 毫米×0.6 毫米。体呈古铜褐或栗褐色，背中线两侧有 9 对细小的灰斑纹。幼蛭生长迅速，在水沟中捉到 30 条孵化不久的幼蛭，体长 7.6～16.9 毫米，其中多数体长 12 毫米左右。本种个体数量很多，常常是水田里的优势种，与日本医蛭混在一起，常被后者叮在体上吸血，且被咬伤，失血过多者不久即死去。

　　（4）尖细金线蛭的地理分布　尖细金线蛭广泛分布于我国南方地区。

7.2 水蛭的选种

人工养殖水蛭首选宽体金线蛭，其次为尖细金线蛭（茶色蛭）和日本医蛭。宽体金线蛭宜选择2龄以上、体重30～50克、体质健壮、活泼好动、以手触之即迅速缩成一团者，这样的种蛭产卵多、孵化率高。开始引种时宜少量引进，从小实验入手，取得经验之后才逐步扩大养殖规模，切勿操之过急。

目前推广的人工饲养种水蛭为宽体金线蛭，大量用于制中成药的主要为金线蛭的干燥体（金线蛭还有个体较小的光润金线蛭、秀丽金线蛭、细齿金线蛭等）。宽体金线蛭个体大、产量高，一般体重30克左右，最大可达50克。选择这样的个体，每千克只有20条左右，购种投资大。生产实践证明，宽体金线蛭8克左右就能产卵茧，因此选种应选每千克100～120条的个体。种用水蛭要求健壮无伤残，体格粗壮结实，肌肉发达，用手触之迅速缩成一团，手握富有弹性，放开后活动能力强，表面光滑，体表黏液较厚，背面颜色较浅（色深的年龄大）。2龄种蛭，规格20～30克的种蛭怀卵量大，孵化率高。密度根据平台面积适当调整，一般每平方米投放40～50条（1～1.5千克），投放过多产卵空间拥挤。放养期间保持微流水促进性腺成熟。

宽体金线蛭当年繁殖的个体，秋季就达商品蛭的标准，可捕捉加工成中药材。所以，初养户要引入能繁育幼蛭的水蛭，从经济和今后的发展考虑，一般不引入幼体。从蛭体出蛰后到产茧前都可引种，时间为3月下旬到4月下旬，区域不同有所变化。在南方，水蛭引种季节一般在气温20℃左右的春末夏初或秋末冬初，此时运输种蛭成活率高。在盛夏季节，气温30℃以上不宜进行，因为种蛭在高温、高密度的条件下运输，会分泌大量的黏液，引起水质变坏、缺氧，种蛭死亡率高。

目前，水蛭的育种研究还没有开展，因此，还谈不上优良品种，种源主要是从野外水域直接采集获得。养殖水蛭需首先确定所养水蛭的种类（医蛭或金线蛭），然后从三个可能的途径获得种蛭。

（1）捕获野生水进行自繁 养殖者利用傍晚至清晨的这段时间

到有蛭群生存的水体内捕捉。或是利用阴天或雨天从水边石块或其他附着物上抓取。采集水蛭时要保护好下肢，防止其叮咬吸血。也可以利用其繁殖交配时机从浅水或岸边土壤中抓捕，在稻田、池塘、溪流、丛林中极为常见，最简便的方法是诱捕。诱捕医蛭时，可用一段猪小肠或其他动物的肠子，沾取少量猪血，放到湖边或沟边的浅水处，待一段时间后，医蛭纷纷爬上小肠吸血时取出肠子即可获取大量水蛭。诱捕宽体金线蛭时，可用个体较大的河蚌引食，然后抓捕。选个体较大的河蚌，先放入热水中烫死或以温水加热到60℃左右杀死，用硬物插入其两个贝壳之间的缝隙内，展开两个贝壳，暴露其内部结构（软体部），然后用一长绳或铁丝系住贝壳，把河蚌投入有金线蛭的水边，待大量金线蛭爬上取食时拉出抓捕。也可利用水蛭的趋暗性（避光性）和钻缝性抓捕，方法是把潮湿的草包、废麻包或黑塑料布等放到近水的岸边，过一段时间后翻开它们，可见在它们的下方有许多水蛭潜伏，然后抓捕。

捕捉作种时应注意鉴别，作为中药材使用的有日本医蛭和金线蛭属中宽体金线蛭、光润金线蛭及尖细金线蛭四种，区别时，从个体上，日本医蛭个体较小，很容易与金线蛭区别。从体色上看，尖细金线蛭背部呈棕绿色，背中纹两侧有黑色素斑点组成的新月形，前后边接成两条波浪形斑纹，腹面有不规则的暗绿色斑点散布，宽体金线蛭其体型为纺锤形，背面为暗绿色，有5条黑色和淡黄色相间组成的纵纹，其中中间一条较粗长的纵纹前端起自眼区，色泽较淡。体的两个正侧面是一条淡色的纵带，腹面两侧各有一条较粗而明显的黄褐色或黑褐色的纵纹。宽体金线蛭的生殖孔在环沟上，光润金线蛭的生殖孔在环上。选种蛭时可用上述形态特征进行鉴别。

对一些残伤、形态不正、杂种、病态等水蛭种苗，均应剔除。不仅如此，有时对受内外伤的水蛭一时还识别不出来，还需暂养2～3天后再鉴别。要想在投种一年之内就有好收成，必须选二龄以上的健壮水蛭作种苗。种蛭的个体越大越健壮，产卵量、孵化率和成活率越高，除非是五龄以上的老蛭，但这样的老蛭已不多见。

放养以春、夏两季均可，选择健壮无伤、个大（每千克120～160条）的。水蛭雌雄同体，每条水蛭都可产卵繁殖，3～4月产卵于泥土中。一般每条水蛭可产卵茧 1～4 个，每个卵茧可繁殖 60～80 条幼水蛭。夏秋是其繁殖旺期，也是捕捉的最佳季节，用简单的方法，即可将其集中诱捕，多者一次可捕 2～3 千克以上，比捕鳝鱼、甲鱼、效率高。幼水蛭于 6 月大量孵出，一个月内可长到 20 毫米以上，9～10 月即可长成，加工出售。

（2）购种　目前我国养殖水蛭的单位很少，且多在试养阶段。山东、湖北少数地方有售。购置及投放购买宽体金线蛭种蛭，最好到正规的科研单位、信誉较高的专业养殖场购买。这样可确保种苗的质量和提供可靠的技术指导及咨询服务，养殖容易成功。切勿到一些炒种单位去引种，因为炒种单位首先对技术没有一定把握，很难引导养殖户成功。另外，由于炒种单位的种蛭经多次倒运后，种蛭体内组织已受破坏，在养殖中容易导致大量死亡。

要选择健壮粗大、活泼好动、用手触之即迅速缩为一团的 3 年以上（已经历两个冬天者）的成蛭作为种蛭，品种以金线蛭为好，体扁平且较肥壮，背面暗绿色，有杂淡黄的纵行条纹，个体重在 15 克以上的。

若亲自到购种场，应该距育种池 1 米处吹一口气，如水蛭能做出迅速反应为佳。如是大规模养殖，其放养密度为每亩 30～50 千克，2400～4000 条。只要食物链搭配合理，每亩 100 千克也是可以放养的。一般要求水蛭单个在 18～20 克。每亩投种蛭 30 千克，每亩投放种蛭 2000 条左右。种蛭投放前要用 0.01％的高锰酸钾水浸洗 10 分钟消毒后再投入准备好的饲养池。也可以在种蛭投放前用 8～10 毫克/升浓度的漂白粉药液浸洗消毒，10～15℃时浸 20～30 分钟、15～20℃时浸 15～20 分钟。漂白粉要选用未潮解失效的，药液要随配随用。池水要先每立方米用有效浓度 0.3～0.5 克的优氯净或强氯精（鱼安）消毒，3 天后放入种蛭。切不可将从水田、池塘或其他养殖池带回的水一起倒入新建养殖池中。一般繁殖两个季节，即应将种蛭淘汰。种蛭宜在 4 月上、中旬投放。

（3）采集水蛭的卵茧人工孵化获得　这是人工养殖水蛭获取大量水蛭种源的最简便方法。可在每年开春后的 4 月中下旬，在有金线蛭的水沟边寻找采集它们的卵茧。在水沟边的潮湿泥土中，发现有 1.5 厘米左右孔径的小洞时，沿小洞向内挖取，即可采到泡沫状的卵茧。采集时，要小心，不要用力挟取，以免伤及茧内的胚胎。将采集到的卵茧迅速轻放到孵化盘内。孵化盘可采用普通白色搪瓷或塑料盘，大小规格视卵量多少而定。盘内放一层 2 厘米厚的无污染的菜园土，湿度以一抓成团、松手即散为宜。将卵茧有小孔的一端（即较尖的一端）朝上，整齐排放在孵化盘内，表面再盖一层或两层灰黑色潮湿的棉布块，以保持一定湿度。

卵茧的孵化视数量多少而定。少量孵化时，把孵化盘放到恒温箱或培养箱内孵化。孵化时的温度应控制在 20～23℃ 之间，应特别注意湿度，水分蒸发过多时，会造成干胚而使胚胎死亡。应经常在盖卵布的表面喷水，保持潮湿，一般相对湿度保持在 70%～80% 为宜。经过 20 天左右即可孵化出幼蛭，孵化期的长短与孵化的温度、湿度都有关系。为防止孵出的幼蛭乱爬而逃跑，可在孵化盘下设定一个比孵化盘面积较大的水缸，使孵出的幼蛭均掉入缸内。缸内应放几块小木片，供小水蛭爬到上面短暂栖息。当水蛭苗全部孵出后，将它们转移到饲养缸或饲养池内饲养。大量养殖孵化时，可把孵化盘直接摆放到养殖池的岸边。最好选择向阳的北岸，利用自然光孵化。要经常用喷雾器在盖卵布的表面喷水，保持湿度，雨天要注意遮盖塑料布避雨，防止水分过大而烂茧。自然孵化 20～25 天即可孵出幼蛭，幼蛭有趋湿的本能，在卵茧壳的表面爬一段时间后，就纷纷爬到水池中。还可以把采来的卵茧直接埋在养殖池的水边泥土中，直接自然孵化，土壤要保持潮湿而透气，埋土可用潮湿小土块，但不能超过 2 厘米厚。培育的幼蛭数量较少时，可喂以鸡蛋黄，数量较大时，可泼洒猪血，但一定要保持水质洁净。

不论是捕获水蛭进行自繁还是到正规的科研单位、信誉较高的专业养殖场购买，都应该注意种蛭质量的优劣，因为这不仅直接影响其产卵率、孵化率乃至成活率，而且对水蛭的生长、发育、产量也有很大影响。养殖劣质的水蛭会导致品种的过早退化。如果少量小规模养殖，可采用自繁自养的方式解决种苗。如果是大规模养殖，就需要大量的种蛭，必须注意做好种蛭的以下几个环节：

（1）种苗选择　将水蛭集中在水池中或者脸盆等器皿中存放，经过5个小时以后，水蛭一般就会自然舒展，受伤的、活力不强的水蛭就会自然下沉。将吸附在池壁边缘的水蛭集中捞起来，投入器皿中，20分钟以后，可以在距离水蛭30～50厘米的地方向水蛭吹气，活力强的水蛭会立刻反应，头部回缩，经过这样的选择就可以确保水蛭是健康的、活力强的。

三年以上的成蛭作为种蛭，放入池水中保种越冬，第二年水蛭即可自行繁殖。种蛭的放养密度一般每平方米为10～20只。繁殖水体中投放螺蛳，一般每亩投放25～30千克，并调节好水质。幼蛭孵化期，每隔5～7天投喂一次。开始时饵料用熟蛋黄揉碎泼洒，中后期用动物血拌麸皮投喂。

（2）幼苗放养　尽量不要远距离购买幼苗，因为小苗的放养季节都在6月以后，这时气温都在25℃以上，运输途中超过12小时成活率很难保证，而且幼蛭的运输条件要求极高，不能冬眠运输，不能缺氧，不耐高温。短距离运输水蛭幼苗，可直接把幼苗放在桶或者瓶子里并加上适量的水，水应该采用育种池子里的，这样可以避免因不适应外界温度而引起伤亡。

凡是健康成熟的个体均可作繁殖用的种蛭。因此应就近到出产水蛭的湖区和河滩收购种蛭，通常每千克4～7元。收购水蛭时间必须在每年4月上旬至5月上旬。运输途中要做到防逃、透气和保持湿度，通常用白布袋装运。运回的活体水蛭要根据个体大小及有无头后的棕红色戒指状生殖带腺体进行分选，选出个大并已交配、即将产卵茧的成熟个体放入繁殖箱里产卵茧孵化出幼蛭。未成熟个体放入无土饲养箱中继续饲养至成熟。如果是在5月下旬以后收购并运回水蛭，此时很可能不会产卵茧，因为这些水蛭已将卵茧产到野外了。

（3）巡塘　放完苗后约2小时应巡塘，这时会发现刚入池的水蛭多数往平台的泥土中钻，有的在水中自由自在地游，还有的在寻找食物，这都属于正常现象。这里应当注意的是，若在放苗时是晴天，且阳光强烈，应特别关心一下从水中往平台上爬行且又不入泥土的水蛭，这是因高密度运输造成疲劳，从而无力钻入泥土。为防强烈阳光灼伤水蛭，应每隔半小时淋 1 次水，直到转入正常。因此要提醒广大养殖户，放苗一定要选择阴雨天气，实在不行，就在傍晚进行。还有两点值得注意的是，有水蛭在原地不动的，应特别注意观察。若发现伤亡以及身上有泥土、在水中不游动的水蛭，应及时捞出加工成干品。

目前用于人工养殖的品种，都是野外捕捉来的宽体金线蛭。由于野生水蛭性情温驯，病害较少，个体肥壮，产卵茧多，孵化率高，故建议广大养殖爱好者最好自捕自养（对主产区而言），以降低养殖成本。如果当地没有该品种的野生资源，又有有利的饲养条件，不妨先少引种一点，边养边摸索经验，边繁殖边扩养。

7.3 水蛭引种

7.3.1 水蛭引种的方式

苗种的来源可以是捕捉、购买或自繁。在开始养殖时，一般以天然捕捉为主，也可以向有关单位购买或捕获天然种蛭自繁。

（1）天然捕捉　野外采集应根据水蛭的生活习性去采集。采集的环境场所，就是野外水蛭经常出没的地方，如水流相对较大的地方等。采集的时间最好是在水蛭的活动高峰时期，如上午 8～10 时、下午 4～6 时。采集的方法和使用工具一般可采用人工直接采集与食物引诱采集两种方法。用食物引诱，是一种节省人力及时间的采集水蛭的方法，它是按照水蛭的活动季节、生活规律、活动时间和吸食习性设置诱捕器捕捉。根据水蛭喜欢吸食脊椎动物血液的习性，可用大牲畜的干骨头，沾上鲜猪血（茶色蛭应用牛血）引诱。当大量的水蛭爬到骨头上时，可用渔网捞出骨头，使骨头和水蛭分开。

或将竹筒剖成两半，除去中间疤节，将动物血涂于竹内，再按原来形状捆好，插在水田角上，让水淹没。然后用树枝搅动田水，使血的腥味四处扩散，水蛭闻腥味后即到筒内吮血，次日早晨取出竹筒即可捕到水蛭。

也可用一竹筛，上面捆上用纱布包裹的动物血或内脏，将筛绑在竹竿末端，手拿竹竿另一端使竹筛在水田中慢慢移动。当水蛭嗅到腥味时进入筛内，再把竹筛提起即可捕到水蛭。当然用食物引诱宽体金线蛭时，可用软体动物的身躯作诱饵，当大量水蛭到达后，可用渔网捕捞。

从外场引进的种蛭年龄应在2年以上，体重30克左右，体质健壮，活泼好动，用手触之则迅速缩成一团。这样的水蛭怀卵量多，孵化率高。种蛭入池后，保持水质肥沃，培育出大量的浮游生物作其天然饵料，并定期投放活体螺、蚬、蚌等供其摄食。

（2）人工引种　这是饲养者从已经饲养成功的养殖户或养殖场（基地）购买种水蛭的一种措施。在引种时应慎重选择品种，要严格挑选符合中药材标准的种类进行饲养，减少盲目性和不必要的经济损失。目前饲养最广泛的是日本医蛭、宽体金线蛭和茶色蛭。但不管选用哪一种水蛭进行饲养，都要对原饲养场进行调查分析，并与自己已建好的饲养场进行对比，得出是否适合饲养的结论。在个体选择上应注重选活泼健壮、体躯饱满、体表光滑、既有光泽又有弹性的个体。健康的体躯不但成活率高，抗病虫害能力强，而且繁殖力也旺盛。引种时，最好从就近单位选择优良品种。如从外地引种，最好和有关科研部门取得联系，征求他们的意见，取得指导和帮助，以减少不必要的损失。

7.3.2　水蛭引种的运输

任何一种动物都有着自己既定的生活环境，脱离开适宜生存的环境条件，或环境骤然发生变化，便会造成大量死亡，甚至灭绝。水蛭的生活环境，也是经过长期的演化、遗传和适应才固定下来的。人工引种水蛭，在养殖场选择种蛭时，水蛭都能达到要求，可是经过长途运输，却对水蛭产生了影响，甚至造成水蛭死亡。

下面重点介绍人工引种种蛭的运输方法，以确保人工养殖水蛭引种的成活率。

（1）无水湿法运输　这是短距离运输（途经6～8小时）常采用的方法，运输工具有木箱、泡沫塑料箱和竹箩等。先按每立方米水体用4克漂白粉化水，将容器浸洗干净，种蛭和水草按每立方米水体 20 克高锰酸钾化水浸洗 15 分钟。然后在底部铺上一层湿水草，再将种蛭均匀装入箱，每立方米体积可容纳规格为每条 20 克重的种蛭约 3000 条，按一层水草一层种蛭装箱，最后再放一层水草。木箱和塑料泡沫箱的周围和盖上钻两排透气孔（孔眼大小以种蛭不能钻出为度，或用纱窗布封住）。

装箱完毕再往箱内淋 1 次水，然后用盖子盖紧，并用绳子系牢即可起运。在途中每隔 2～3 小时淋 1 次水，以保持种水蛭皮肤湿润，注意避免阳光直射。一般运输 24 小时较为完全，如果运输超过 24 小时，每袋应少装些。若是用货车运输应防止阳光直射或靠近发动机，以免温度过高影响水蛭成活。夏季运输，最好用空调车或冷藏车，没有条件的，要放置冰块。大批量运输以干运为好。

（2）带水运输法　这是一种短途运输（6～8 小时）带水不充氧的方法。运输容器一般采用木桶或塑料桶，运输工具和种蛭按上述方法进行消毒。将水蛭直接装入盛水的塑料桶内，装水 10 厘米左右，加盖扎紧，但盖上要留有多个透气孔。一般直径 30 厘米的桶可装运 5～6 千克。因水蛭有排泄物，水质容易恶化，如运输时间长，半途应更换新水。水运法一般适合于短距离少量运输。因此，在运输种蛭时，用透气的浅塑料盘，冲洗干净后，下面垫洗净的软白布，再均放一层蛭，不要出现挤压，然后数盘叠起，最上一个盘用纱网封好，装车运输。起运前再向盘内冲水 1 次，测量、记录当时的水温，并在盘中放温度计。途中每隔 3～4 小时向盘中冲水 1 次，以保持蛭体皮肤的湿润和防止温度升高，同时检查有无蛭体爬出，若有要及时修整缝隙，以免再爬出。如果白天气温较高，光照强度大，应改在夜晚运输。若距离较近 1～2 小时即可到达，可因陋就简，但要避免挤压、升温或爬出。

（3）充气运输法　种蛭和蛭苗的远距离 24 小时以上运输采用此法。把水蛭和水（占 1/3 体积）置于密封充氧的容器（尼龙袋）中进行运输，可用汽车、火车、轮船和飞机等多种交通工具装运。此法的特点是容器体积小，携运方便，中途不需换水；装运密度大，水蛭成活率高，一般一次充氧能使水蛭在袋中保持 30 小时以上，因而也是长途大数量运输蛭苗（体长 3 厘米左右的宽体金线蛭）的最佳方法。

需要注意检查尼龙袋是否破损漏气，水蛭入袋前须经过常规体表消毒，装运密度应根据水蛭规格的大小和运输时间的长短不同而灵活掌握。

7.3.3 水蛭引种的要求

运输来的水蛭需投入水中。一般把购买的或诱捕的水蛭按一定的密度投入到水中，水蛭苗种一般不经过消毒处理，因为水蛭的耐药性较差，处理不好会引起死亡。放养时应注意以下事项。

（1）放养时间 一般在春、夏、秋为好，选择大小整齐、健壮、无伤、活跃有力、体重15克以上个体，个大的最好作为种蛭。选择晴天上午7~9时、下午5~7时，先投放少量观察1~2天后，根据情况再逐渐投放。池水与盛放水蛭苗种的容器中的水温差不大于3℃，否则易引起水蛭"感冒"。每条水蛭年可产孵5~10条。每个孵茧可繁殖60~80条小幼蛭，夏秋是繁殖旺季，幼蛭30天内可长至2毫米以上，3~4个月即可长成。

引种宜在秋季水温将至15℃时进行。此时水温较低，一方面有利于提高水蛭运输成活率，另一方面有利于水蛭摄食恢复体况和适应新的养殖环境。

引种时间、种蛭放养密度要根据养殖池条件、养殖方式、饲养管理人员技术水平的高低等掌握。一般每平方米养殖池放养种蛭10~20只。放养时，为防止应激死亡，必须注意种蛭温度的调整，尤其是经低温运输的种蛭不能直接投入池水中，应先分散倒在平台上，待其体温与水温一致时，让其自行爬入水中，并捡出已死亡的水蛭，防止污染环境。

（2）放养密度 养殖密度是指单位体积中水蛭的数量。每千克大约有150条的苗种，亩放养量为2000~3000条，若放养水蛭苗，每亩可放养2万条左右。水蛭养殖一般每平方米水面放养100~150条为宜，养殖条件好、技术娴熟、饲料充足时放养密度可适当加大。密度的大小往往会影响整体水蛭的产量和养殖成本。密度过小，虽然个体自由竞争不激烈，每条水蛭的增殖倍数比较大，但整体水蛭的增殖倍数比较小，不能有效地利用场地、人力，产量较低、成本增高，影响经济效益。而密度过大，则会引起食物、氧气不足，个体小的水蛭往往会吃不饱或吃不到食，甚至会引起水蛭间互相残杀，同时代谢产物积累过多，会造成水质污染，病菌滋生和蔓延，容易引起水蛭发病和死亡。

水蛭适宜的养殖密度为，成体宽体金线蛭每立方米放养 30～50 条，幼蛭 200～300 条；成体茶色蛭 50～70 条/米^3，幼蛭 250～350 条；成体日本医蛭 200～300 条/米^3，幼蛭 500～800 条为宜。当然，水蛭投放密度是与养殖者的具体养殖环境、饲料、设施等条件紧密联系的，饲养者应在实践中逐渐把握。

不论利用房前屋后土塘、泥坑，还是在江河、湖泊，养殖方式虽有多种多样，但归纳起来，不外有两种方式，即野外粗放养殖和集约化精养。选择哪一种养殖方式，应根据当地的实际情况，因地制宜。条件差的，可就地取材，采用野外粗放养殖；条件较好的，可采用集约化精养池的方式，即建立高标准的养殖池，为水蛭的生长繁殖提供较理想的生态环境，通过工厂化养殖，获得较高的单位面积产量。

在水蛭活跃频繁出现的 7～10 月份，从天然水域中捕取成蛭作为种蛭，放入一定水体中保种越冬，次年水蛭即可自行繁殖。体长 6 厘米以上的成蛭条件适宜，可年繁三次左右，自繁自育是便捷省力途径和发展方向。

目前水蛭人工养殖方兴未艾，引种时要警惕有人借机进行种苗炒作，以高价出售种蛭牟取暴利。鉴于水蛭在我国各地都有分布，可以因地制宜采捕本地水蛭品种进行驯养。产品必须向当地药材市场试销，证明经济效益是好的，才可进一步发展养殖。

初次养殖水蛭的单位，要注重水蛭品种的选择，市场上水蛭品种很多，但有经济价值的仅有 3～4 种，其中以宽体金线蛭最具经济价值。初次养殖放苗，规格以 3～4 厘米为宜。通过 1 年的养殖，水蛭苗种占生产成本的比例相当大，接近 60%。因此养殖者经过一年的养殖后，一定要保质保量留足蛭苗，千万不可贪图眼前利益去增加干品的收获量而影响第二年生产。超过 13 厘米的留下作为第二年生产的种蛭，把体长小于 8 厘米的留作下一年的蛭苗。

人工饲养水蛭，实际目的就是对水蛭进行再生产，即得到大量的繁殖后代，获得高产，从而获得较好的经济效益。人工饲养水蛭，要想获得高产和较好的经济效益，优良的品种是关键，品种的好坏直接关系到水蛭的生长发育和繁殖性能。在采集到的大量水蛭中，它们的健康、发育状况不会完全一样。所以必须通过挑选适应能力比较强、生长快、产卵率高的优种，才能提高经济效益。

7.4 水蛭投种

养殖水蛭的池一般是由旧池改造或是新建水泥池，要进行清塘消毒，以杀灭病原体及其他敌害生物。水蛭在放入饲养池之前，无论是野外自行采捕的还是外地购买的种蛭，都要对蛭池进行消毒处理，不要直接投放，不管是水泥池还是泥土池都要消毒，有利于水蛭生长。

（1）泥土池的消毒　养殖水蛭的蛭池无论是旧池塘或新挖的池塘，都要用生石灰或漂白粉进行消毒。

① 生石灰消毒法　在池底选几个点，放入生石灰（最好用刚出窑的灰块），用量为每平方米 100 克左右。池塘中放水 10～20 厘米深，待石灰化开后，用水瓢将石灰浆全池泼洒。过一段时间再将石灰浆和水混合均匀。清塘（即把消毒水放出）后 1 周左右再注入新水，即可投放水蛭种苗。用生石灰清塘消毒，既可以杀死塘中的寄生虫、病菌等有害生物，还可以使池水保持一定的新鲜度，又能改良土质，并将池底的氮、磷、钾等营养物质释放，增加水的肥度。

② 漂白粉消毒法　漂白粉清池消毒，每 1 亩池面用 5～10 千克。如带水消毒，水深 0.5～1 米，使用漂白粉的量要加倍，即每 1 亩池面用 10～20 克，全池泼洒。漂白粉遇水后释放出次氯酸，次氯酸放出的新生态氧可杀灭病菌等有害生物。其效果与生石灰差不多，但药性消失比生石灰快。一般用漂白粉清池消毒后 3～5 天，即可投放种水蛭进行饲养。

对于排水困难的水池进行消毒时，应增加生石灰或漂白粉的用量，一般生石灰 90 千克左右、漂白粉 8～10 千克，用水化开全池泼洒。生石灰要避免久存吸湿成粉末而失效，漂白粉拆封后应立即使用。投种要等药性消失后进行，生石灰一般一星期后消失，漂白粉 3～5 天消失。消失时间一般干池快，带水消毒慢；晴天快，阴天慢；水温高时快，水温低时慢。以上方法主要针对老池而言。

新开挖水蛭池一般不需进行消毒。新修水泥池 20～30 米^2 的水面在使用以前必须浸泡处理。具体做法为水泥池修好后，灌满水浸泡 10～15 天，把浸泡水排放完。然后在池边修产卵台，池底铺 20～30 厘米的菜园土，便于水蛭钻入土中产卵。准备工作做好后，再放入新水，放入新水后，待池内水色达到淡绿色时，可以投放种水蛭。

7.4.1　水蛭投种前的准备

除了对放养种蛭的场地进行消毒处理外，水蛭投种前还应该有一系列的处理，才能确保种蛭安全健康的成长。

（1）备好饲料　水蛭放养前一星期每公顷投放畜禽粪便3750～7000 千克，投放时应分点布匀，切忌大面积撒开，使其堆放在池水中即可，同时避开进水口，以防被冲散造成池水混浊，透光性差，不利于水中微生物生长。这种备料办法只适合于大面积池塘养殖。

若是小规模池养，或集约化养殖，应繁养一定量的田螺、蚯蚓等作活饵用。放蛭前一星期一亩池均匀施入发酵畜禽粪 500 千克。蛭池内种植丰富的水生植物，如水花生、浮萍等，使水生植物生长成片，占池水面积的 1/5。水生植物不仅给水蛭提供隐蔽场所，而且还吸收水中肥分，净化水质。

宽体金线蛭特别喜食螺蚌类，每亩水面放个体较大能够达到性成熟的三角帆蚌或冠纹褶蚌 60～80 千克，田螺或大瓶螺 50～60 千克，让其自行繁生，基本能保证饵料的供给。为了满足河蚌（虫勾）介幼虫的寄生附着，每亩水面应放鳑鲏鱼或花鲢鱼种 10 千克左右，待河蚌幼虫变态营底栖生活后，再将鱼类捕出，若是鳑鲏今后若干年内都不需再放，花鲢每年都需重放。

（2）调制水质　在放苗之前一定要把水养好。实验证明，水蛭放入清水后，很容易因条件不适而外逃。养水方法是：用2%的生石灰拌入牛粪或鸡粪中发酵，将发酵好的粪便按0.3千克/平方米洒入池水中，养水10天后，待水中的浮游生物如水蚤大量出现时才能投放水蛭种苗。放苗时的水温以20～30℃为宜。

因此在水蛭下塘前应培肥水质，透明度、水色、溶解氧、pH值需达到以下要求。

① 透明度、水色　水蛭在透明度为20～30厘米、水色呈黄绿色的水体中，生长较好。若透明度大于35厘米、水色较淡，说明水较瘦，应施肥水培肥水质。肥水方法可用2%生石灰拌入鸡粪或牛粪中发酵后，按0.3千克每平方米洒入池水中，养水6～8天后，等水中的浮游生物大量出现时才能投入水蛭种苗。

② 溶解氧　大多数水蛭能长时间忍受缺氧的环境，但对养殖生产极为不利，若严重缺氧，水蛭不吃不长，还要消耗体内营养物质，体重减轻。

一般情况下，水蛭多生活在溶解氧在0.7毫克/升的水体中，若低于一定的溶氧度时水蛭就纷纷钻出水面，爬到岸边或草丛中，呼吸空气中的氧气。因此池中要种植一定的水草，浮游植物通过光合作用，增加水体中的溶解氧。

③ pH值　医蛭、金线蛭一般在pH值为6.4～9的水体中生存，适宜的pH值在6.5～7.5之间，如pH值下降可用2×10^{-6}的生石灰调节。

另外，必须检测酸碱度，当池水pH值降到7.0～8.0时，水中可植入水草，约占全部水面的1/3，品种主要为轮叶黑藻、马莱眼子菜、浮萍、水葫芦、芡实、藕等，沉水、浮水、挺水性的植物应适当搭配，并在以后的养殖过程中适当地控制或补充，以利于水蛭的栖息附着和饵料生物的食用等。产床要有15厘米左右的松软土层，上可种些旱草，以便产卵、孵化时遮阴保湿。水和土壤的pH值不大于8，否则要排出池水后加入新水。

（3）掌握引种时间　水蛭在春、夏、秋三季都可放养，这时购种放养后很快就能繁殖，能达到明显的经济效益。夏季高温不利于长途运输，但做好降温处理后，也可引种。

（4）搞好水蛭运输　水蛭运输好坏对水蛭放养成活率关系很大，由于水蛭靠皮肤呼吸，又耐低氧，一些人认为运输极为容易，给人们造成了一种错觉，也给一些养殖户在引种过程中带来了不小的麻烦，往往因装运密度大或是放在大编织袋中运输，结果温度升高，致蛭死亡，或挤压感染放养后成活率很低。

7.4.2　水蛭投种前的处理

刚运输回来的种蛭，无论是引进的种源，还是自野外采来的种水蛭，在投池前必须进行蛭体消毒，以免感染疾病，造成前功尽弃。掌握好投种方法与投种密度是投种的关键问题。先测定容器及水池的温度（气温或水温），要求温差不超过3℃，否则要用池水逐渐调节温度至相似。

（1）蛭体消毒　蛭体消毒是一种防病有效措施，在放入隔离饲养池之前，应用0.5%～1%福尔马林消毒溶液，将水蛭清洗一遍。也可用其他消毒液清洗，其目的是消灭水蛭的病原体。

将水蛭密集在小容器中水体内，用较高浓度的药液短时间浸洗蛭体，达到杀死水蛭体表病原体的目的。具体操作为在准备好的容器内装上水，并测出体积或重量，一次放入需要药量，待药物充分溶解后搅匀，然后将水蛭倒入药液中，按表7-1中时间浸泡后立即移入养殖池中。

表7-1　蛭体浸洗消毒参考表

药物名称	配制浓度	使用方法	水温/℃	浸洗时间/分钟
漂白粉	10×10^{-6}	浸洗	10～25	10～15
强氯精	$(2\sim3) \times 10^{-6}$	浸洗	10～25	5

浸洗时间灵活掌握，如温度高，浸洗时间则短；温度低，浸洗时间应适当延长，具体应看水蛭的忍耐程度而定。

（2）隔离饲养　将新引进或自野外采集来的种源放入单独的饲养池中，经过观察几天后，如无死亡或厌食、打蔫、体态变暗、失去光泽和弹性等现象，排出的粪便正常，确认无病态现象，便可放入正常的饲养池或和其他水蛭混养。

（3）投种方式　水蛭种蛭规格为每条 20～30 克，每亩投放种蛭 300 千克。春、夏、秋三季均可投放，投种一般选择在早晨或傍晚气温较低时放养。特别应注意供种地和放养地池水的温差，温差不得大于 5℃。温差若大于 5℃应逐步调节温差后再放养，不然会造成应激死亡。

如果采用干运法运回来的种蛭，不能直接倒入放养池中，因为在运输过程中水蛭自身将产生出一层黏膜作为保护层。要先放到阴凉处，采用上述方法消毒后，把水蛭用净水冲洗，倒在产卵台上，用湿土覆盖一层，让体质较好的水蛭自然爬行到水中或钻入泥土中，体质较弱的水蛭经过一段时间休息后也可自行爬入池水中，以减少死亡。若立即倒入池水中，易造成应激反应，体弱的水蛭易死亡。

湿运法放养时，可先用上述消毒水将蛭体冲洗消毒后，把容器直接放入水中，让其自由活动，个别的若吸在容器壁上，不要生拉硬拽，易拉伤吸盘，应让其自由地爬入水中。放养第一周，水蛭会死亡 2%～3%，主要原因是运输压伤或吸盘拉伤，表现为体内肿块、瘀血、吸盘开裂等。

放养密度一般每亩放成年种蛭 2000 条。如小面积种蛭繁殖池，管理措施得力，可适当多放一点，每平方米放种 50 条左右。过密或过稀对经济效益都会带来一定的影响。

（4）防止逃脱　用漂白粉彻底清塘消毒，检修进出水口和有关围栏设施，池底堆放适量石块和树枝。由于水蛭前后吸盘的吸附作用和钻洞（钻缝）本能，条件不适时，一般的矮围墙很难阻止其外逃。应在远离水面 1.5 米处设细孔围网，网基深入土中 25 厘米左右。养殖池的一端设防洪溢水口，防止水蛭在风雨天水位上涨时外逃，同时注意巡视捉回爬上岸的个体。

目前主要用廉价而实用的鱼花网或防蚊网作为防逃设施和敌害入侵障碍，该种网宽 1 米、深埋 30～40 厘米。埋网应在池埂岸外 30 厘米处，开沟置网，底用小勾撅固定，然后用土填平夯实。网外 20～30 厘米处，每隔 5～8 米插一根内倾斜的小竹竿或其他防腐烂抗风的木杆撑起网，并加绑缚。防逃网具的设置与清池同时进行。

目前大多数采用的是室外庭院水泥池、水田和池塘饲养与繁殖，只有少数是采用室内箱养和池养。因为宽体金线蛭是两栖生活的，喜欢爬来爬去并且能通过狭窄的缝隙外逃，采用细密的纱网防逃是必要的。室内可以用塑料箱和木架进行立体饲养与繁殖，也可以用水泥板和砖块筑成水池，必须做到防逃、方便换水和清洗。室内饲养与繁殖看得见，摸得着，能够及时采取相应措施，也容易摸清规律。应首先掌握室内饲养与繁殖方法，然后扩展到室外或者先在室内繁殖并饲养至 6 厘米左右，再到室外放进池塘大水面中饲养。

饲养箱里的水蛭密度随温度和个体大小而定，通常气温低和个体小的密度可以大些，若密度过大会引起缺氧而大量死亡。采取分级饲养的方式，同样个体大小的水蛭放在同一饲养箱里饲养，不能大小混杂在一起。幼蛭可以先放在较小的容器中饲养，随着个体的不断增大逐渐转移至较大的容器中饲养。需要繁殖后代的成熟个体放在有底泥的繁殖箱里，密度不得超过每平方米300 条。室外池养的密度较难掌握，但应比室内饲养的密度小得多。

水蛭在底泥穴道中蛰伏越冬、交配与产卵茧，因此在室内容器中繁殖时必须加进非污染、非碱性和土质松软的底泥而且大部分不能浸泡在水中。可以用木块或砖块将容器中多土的一端抬高，在另一较低的部分加进水。当干土层中的卵茧孵化出幼蛭并爬过土表进入另一半的水中或附着在水边的容器壁上时，可以用小的镊子将其夹至另一无土的容器中饲养。在室外池塘里繁殖时，必须在池的中央筑一高出水面 30 厘米的土台，让成熟个体在土台内交配、产卵茧并孵化出幼蛭。

育种基地一般采用高密度模式，在水蛭产完卵生出幼蛭时，就把小苗取出来投放到大型基地饲养。因此，所采用的土壤就必须富含腐殖质，没有经过处理的黄色的、红色的硬质土壤尽量不予采用。水泥砖墙建池是在池塘内壁建造宽约 60 厘米、厚约 65 厘米的平台，可以每隔 150 厘米建造一个。在距离育种池 2 米的高度用黑色遮阳网盖起，或用芦席、盖板等遮住，在注入养殖水后等待使用。

若是采用无土产卵，则在室内按照所需的面积建造成池塘模式。底层一定要留有出水口，在下层铺上超过出水口高度的长条木棒或者砖块，间隔 5~10 厘米，上面铺设 80~100 目纱网，目的是让多余的沉积水排出而水蛭不会逃掉。如果条件许可，应尽可能把纱网做大一些。

除了以上措施外，还应准备点小工具用于水蛭的养殖。大镊子用来夹取活的较大的与成熟的水蛭以及死去的水蛭尸体，小镊子用来夹取刚孵化出来以及正在饲养的幼蛭；塑料网筛、瓢、水桶和橡皮管用来清洗和换水；充氧泵用来往水中补充氧气。

7.5 水蛭产卵茧

水蛭产量的获得，不是以放养种蛭的个体增重为目的，而是以繁殖幼体的生长为主，所以繁殖期的管理极为重要。水蛭繁殖快，再生力很强。产卵孵化水蛭在南方 2 月、长江流域 3 月、北方 4 月出土，温度过低时水蛭常躲在枯草或平台附近的腐殖土内，10℃时伸展身体静伏于池塘内，游动时头端迎着进水水流。一般开春后，当气温升到 20℃后便逐步开始交配繁殖，长江流域一般在 4 月下旬至 6 月中旬为产卵期，下旬到 10 月均可产卵茧，以春季产卵茧最多。例如在广西的自然环境条件下，水蛭每年可产卵茧两次，第一次在开春后的 3~4 月份，第二次在 10~11 月份，但后者必须要大棚保温，使水温保持在 20~25℃且持续时间在一个月以上，只有这样，才能保证第二次产卵茧，增加水蛭产量，提高经济效益。

水蛭的繁殖、交配，不需要过多的人工辅助，但要营造安静的环境，由于卵茧产在泥中孵化，种蛭池最好选用土池为好，若用水泥池养殖，要建产卵台，或土堆小岛，以便水蛭产卵。在产卵期间，要防止到平台上走动，以免踩坏卵茧，另外，要控制水位，不能让水淹没平台。夏天也不能让太阳把平台上的土晒干，要在平台上覆盖一层杂草，保持平台土壤潮湿（含水量 70％ 左右最好）。4～10 月份，水蛭卵体外呈海绵状，多产在半湿不干的泥土中，因此饲养水蛭的水田、水池不宜大、深，雨天要注意排水，水位不要浸过土面，否则卵易死。

水蛭产卵平台的土层称为产卵孵化基质。水蛭自然产卵和孵化的基质要求腐殖质丰富、质地松软、温度适中。可用塘底肥泥、猪粪、牛粪、鸡粪、青草按 4：1：1：1：3 的混合比例发酵制作，制作方法是，先把草料切碎，肥泥晒干并打碎后与各种粪便混合拌匀。然后铺一层草料（厚 6～9 厘米），在草料上铺一层粪料（3～5 厘米），又在粪料上铺一层草料，如此重复铺 3～5 层，每铺一层用喷壶喷水至水渗出为止，最后堆成 1 米宽、1.3 米高、长度不限的发酵堆。如在气温较高的季节，发酵 7 天左右翻 1 次堆。一般翻堆 3～6 次即完成发酵。把发酵好的基质加入 0.01％～1％ 醋酸或 0.01％～0.5％ 的磷酸二氢铵，将 pH 调至 6～7 后，铺在产卵平台上即可，要求基质厚度 20～30 厘米。在基质表面放若干块木板，盖上水草，注意留下 5～10 厘米空隙，以便亲蛭爬入造穴、产卵。在产卵平台的上方再设置遮阳棚，以避免阳光直射和基质水分蒸发。

人工养殖情况下，卵茧多数产在产卵台潮湿泥土中，少数产在水面上。产在水面上的卵茧可用网兜捞起，放在湿沙盘中，产在产卵台上的卵茧都在泥土中，发现产卵台上面有 1.5 厘米左右孔径的小洞时，沿小洞旁向下挖取，即可挖到泡沫状的卵茧。收集卵茧要小心，以免伤及茧。收集到的卵茧洗去泥土放在孵化盘中。孵化盘可用白色普通搪瓷盘或塑料盘，盘内放一层 2 厘米厚的无污染的菜园土，湿度以一抓成团、松手即散为宜。

水蛭在产出卵茧后，一般不用人工照顾就可自然孵化出水蛭来。但为了提高孵化率，减少天敌的危害，也有必要进行人工孵化。卵茧初形成时为甘蔗紫色，数小时后转成枣红色，最后变成葡萄紫色。宽体金线蛭卵茧呈卵圆形。卵茧重 1.1～2.7 克，平均 1.68 克。

4～5 月龄的宽体金线蛭种蛭，平均体重 20 克，每年产卵 2 窝，每窝产卵茧 3～4 粒，可孵化仔蛭 60～70 条；1 龄种蛭，平均体重 50 克，年产卵 2～3 窝，每窝产卵茧 6～8 粒，可孵化仔蛭 120～200 条。

宽体金线蛭冬季在泥土中蛰伏越冬。在长江流域，3～4 月间出土，因此时温度尚低，出土的水蛭常躲在沟边由枯草和淤泥缠结成的泥团内。天气转暖后，它们就在田边活动，有时也伸展身体，静伏于水沟内，头端迎着进水水流。产卵期在 5 月，卵茧产于田埂中，离地面 2～8 厘米，离水面约 30 厘米，并随天气的干旱和地下水位的高低而有变化。卵茧呈卵圆形。

7.6 水蛭卵茧的孵化及收集

水蛭的繁殖是体外受精繁殖，它是雌、雄同体的水生动物。在春天温度适宜时雌孔先开口排卵，随后雄孔张开排精，受精卵吸附在青草杂物上，一周就可以大量孵出，一个月就能长到 20 毫米。在作种蛭投放时要选择个头大的、生长健壮的。可以从湖泊水中捕捞，也可以从饲养单位购买。

7.6.1 水蛭卵茧的孵化

水蛭雌雄同体，异体受精，每个成熟的水蛭都有繁殖能力。水蛭交配一般在疏松潮湿的土壤中进行。交配后一个月开始产卵茧。5 月中旬至 6 月上旬、平均温度 19～24℃时为产卵盛期。卵茧产出后经 16～25 日孵出幼蛭。在人工养殖情况下，可把卵茧选出来，放在适宜的环境下集中孵化。在卵茧孵化时期，要尽量避免在平台上走动，以免踩破卵茧。平台面可覆盖一层水草，以保持湿润，若到下雨天气要疏通溢水口。水不能没过平台，要保持 3～5 厘米距离。幼蛭孵出后 2～3 天内主要靠卵黄维持生活，3 天后即采食。初孵出的幼蛭主要取食蚌、螺的血液、汁液（黏液）。在一个蚌体内，会钻入十多条幼水蛭。随着幼体的长大，它们会吞食蚌、螺蛳的整个软体部分。

水蛭是一年多产卵性动物,每年只要水温在15℃以上的月份,就进入生长、交配、繁殖阶段。6～10月份为繁殖交配期,每年繁殖三次,共产卵1000粒左右。每次产4～6个卵茧,卵茧往往产于池壁、田埂或底泥土中,产后16～25天便孵出幼蛭。每个茧可孵出30～60条幼蛭。孵出的幼蛭进入水中或草丛中自由生活。水蛭生长发育快,从孵出后生长6个月,体长可达5～7厘米就能达到性成熟。一般在4～7厘米可加工出售。达到性成熟的水蛭,通过异体交配,一边繁殖、一边生长。交配时头端方向相反,各自的雄性生殖孔对着对方的雌孔。但仅其中一条受精,交配后约一个月开始产卵茧。产卵茧时,由生殖带分泌出稀薄的黏液,夹杂空气而成沫状,再分泌另一种黏液,成为一层卵茧壁,包于生殖带周围。卵从雌孔产出,落在茧壁和身体之间的空腔内,并向茧中分泌一种蛋白液,身体逐渐向后方自动退出。在退出的同时,前吸盘液体分泌物形成栓,塞住茧前后两端的开孔。整个产茧过程最少半小时结束。卵茧产在泥土中数小时后,茧壁变硬。壁外的泡沫风干,壁破裂,只留下五角形或六角形短柱所组成的蜂窝状或海绵状保护层。卵在茧内直接发育,经过15～25天后孵出幼蛭,孵出后即能独自生活。

茧产出后经16～25日孵出幼蛭,在第10～13日,可透过茧壁看到内部已形成幼蛭。每个卵茧中有3～22条幼蛭,多数为10条左右。幼蛭多从卵茧较尖的一端的小孔逸出。幼蛭出茧,必须先把栓推开,爬出后并在海绵层盘绕一些时候。若幼蛭数较多,则在二三日内分批出来。

幼蛭的孵化进度大致在5月底为初孵阶段,6月的上、中旬为盛孵期(孵化累计数50%～80%),而从6月中旬末到下旬,大多数卵茧均已孵化。此时挖到的卵茧多数已是空的。这段时期的平均温度大致在21.3～22.7℃(表7-2)。

为了更清楚地表示水蛭的生殖活动进程与季节的关系,现把室内外所得的观察结果与当时的平均温度的变化表示如图7-4所示。

表7-2　卵茧的大小与幼蛭的孵化

卵茧形成日期	卵茧大小(长×宽)/毫米	幼蛭孵出日期	孵化天数	幼蛭数/条	幼蛭平均大小(长×宽)/毫米
5月21日	13.5(10.3)×9.8(7.1)	6月6日	16	7	6.37×1.58
5月29日	10.7(8.0)×8.0(4.8)	6月17~18日	20~21	11	5.98×0.89
6月1日	10.1(5.9)×8.4(4.5)	6月24日	24	9	8.08×0.98

注：括弧内的数字为海绵层内卵茧本身的长宽度。

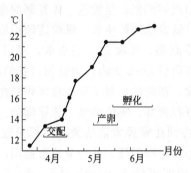

图7-4　水蛭的生殖活动与月份和气温的关系

刚孵出的幼蛭大小为（3.7~10.4)毫米×(0.5~2.0)毫米，平均6.1毫米×1.1毫米。幼蛭的体形很像成体，背部呈古铜褐色，有5条土黄色纵纹，少数个体的背中线两侧有黑褐色斑纹。幼蛭于6月中旬开始大量出现。测量观察幼蛭的生长进度的结果见表7-3。

表7-3　幼蛭的生长进度

测量日期	水温/℃	标本数	体长/毫米	体宽/毫米
6月中旬	19.5~23.0	26	7.4~14.8(10.5)[①]	0.9~2.5(1.6)
6月下旬	19.5~27.0	18	7.9~15.5(11.9)	11~2.5(1.8)
7月上旬	23.5~28.5	21	15.2~23.0(18.5)	2.0~3.4(2.7)
7月中旬	26.5~27.0	81	12.0~27.5(20.6)	2.0~4.0(3.0)
7月下旬	26.5~28.0	100	14.0~30.0(21.8)	—
8月中旬	25.5~27.5	45	17.0~31.0(22.1)	—
9月中旬	—	50	21.0~35.0(26.7)	—

① 括弧内的数据为平均值。

幼蛭生长迅速，在孵化后一个月内，体长平均增长10毫米以上。到8月中，20毫米以上的个体已占幼蛭总数的约60%，其中最大个体已长达 31 毫米。到 9、10 月间，幼蛭已长得与成体难以区分。

水蛭的繁殖、交配，不需要过多的人工辅助，但要营造安静的环境。人要少走动，防止种蛭受惊而逃，造成空茧。种蛭产卵茧后要及时捕捉，集中另池饲养，或加工成干品。这时的繁殖池就转变成孵化池，让卵茧自然孵化。卵茧产出后 11～25 日即孵出幼蛭，这时的幼蛭体形和成体相似，呈黄色，体背部的两侧各排列着 7 条紫灰色的细纵纹。随着幼蛭的生长，纵纹逐渐形成 5 条黄黑相间的斑纹。平台要保持湿润，可覆盖 1 层水草，雨后要防止水淹没平台。幼蛭从卵茧孵出后 2～3 天内，主要靠自身的卵黄维持生活，3 天后即可自由采食。初孵的幼蛭主要取食螺蛳的血和汁液，随着幼体的不断增长即可吞食蚌、螺蛳的整个软体部分。蛭茧孵化期 10～15 天，此期间应特别注意经常清洁流水口保持通畅，确保水位恒定，以防水漫过平台将卵闷死，此外应适当遮阳，保持平台湿度有利于孵化。15 天后即可转入大池中饲养，到 9、10 月就可长成成蛭。

由于茧要产在泥土中孵化，种蛭池最好选用土池为好。若用水泥池养殖，要选择池子的一侧池壁。斜铺一层较厚的泥土，泥土稍高于水面，并在泥土上面覆盖一层麻袋或树叶防晒保温，以便水蛭产卵。

为了避免强光直射，造成水蛭躲藏起来，不进食和不繁殖，一般在养殖池周围要栽种树木，并在水池中种植水生植物遮阴，同时池中水生植物也起到净化水质的作用。

水蛭在产出卵茧后，一般不用人工照顾就可自然孵化出幼蛭来。水蛭的卵茧在自然条件下孵化的适宜温度在 20℃ 左右，湿度一般在 30%～40%。为了提高孵化率，减少天敌的危害，应尽可能进行人工孵化。

7.6.2 水蛭卵茧的收集

水蛭每年 4 月中、下旬到 10 月均可产卵茧，以春季产卵茧最多。人工养殖情况下，卵茧多数产在产卵台潮湿泥土中，少数产在水面上。产在水面上的卵茧可用网兜捞起，放在湿沙盘中，产在产卵台上的卵茧都在泥土中，发现产卵台上面有 1.5 厘米左右孔径的小洞时，沿小洞旁向下挖取，即可挖到泡沫状的卵茧。收集卵茧要小心，以免伤及茧。收集到的卵茧洗去泥土放在孵化盘中。孵化盘可用白色普通搪瓷盘或塑料盘，盘内放一层 2 厘米厚的无污染的菜园土，湿度以一抓成团、松手即散为宜。

鉴于目前水蛭苗种不易购买，也可以繁殖苗种，以供自己养殖使用。水蛭生命力强，繁殖率高，自行繁殖苗种，种蛭亲体年繁殖 2~3 次，个体产卵 300 粒左右，14~21 天即可孵化出幼蛭。苗种繁育宜专池进行，选择优良品种或野生水蛭作种蛭。繁殖池面积应控制在 200 米² 以内，底铺 20 厘米泥土，保证溶解氧充分，水质清新，水温 15~25℃。每次繁殖投入 300 条种蛭，每 2 个月收集幼蛭 1 次。作为亲体的水蛭应尽量避免近亲，以保证幼蛭的体质和抗病能力。

繁殖期的管理主要做好以下工作：

① 每天早、晚巡池，发现问题及时处理，特别是产卵平台的泥土（或基质）太硬时应疏松，防逃设施损坏了应及时修补好。

② 要保持产卵场环境安静，避免在岸边走动和震动，尽量少搅动池水和翻动岸边的木板，否则正在产卵茧的水蛭会因受惊而逃走，造成空茧。在孵化期间，尽量不要在产卵平台上走动，以免踩破卵茧。

③ 若遇到下雨天气，要疏通水池溢水口，水面不能溢过平台，保持平台距离水面 3 厘米左右，否则会造成水蛭人工繁殖失败。

④ 调节温度。温度直接影响种蛭的成熟、产卵和孵化。宽体金线蛭和日本医蛭的产卵、孵化适宜温度为 20~30℃，最好控制在 25℃ 左右。

⑤ 湿度对水蛭卵茧的孵化和仔蛭的发育影响很大。产卵平台的相对湿度要求保持在 70%~80%。当发现基质（土层）表层失水干燥时，应及时用喷壶喷水，平时可覆盖一层水草。

⑥ 投喂饲料。在繁殖期间，种蛭会消耗大量的能量，要求饲料精良，宽体金线蛭以螺类、蚯蚓为主，医蛭则以动物血块为主。

⑦ 换水。繁殖池应勤换水或保持微流水,保持水质清新,透明度在 30 厘米左右,一般隔天换水 1 次,每次换水 1/3 左右,以促进水蛭发育。

⑧ 预防病害。定期（15~20 天）按每立方米水体用生石灰 10 克或漂白粉 1 克进行水体消毒。对发病水蛭要及时隔离治疗,以免传染。发现水蛇、青蛙、老鼠、蚂蚁、水蜈蚣等天敌,应及时杀灭和清除。

水蛭交配后约 1 个月开始产卵。水蛭在产卵前,先从水里钻入岸边泥土中约 20 厘米,离地面 2~8 厘米处,当然也随着天气的干旱和地下水的高度而有变化。受精蛭每次产卵 3~5 个,卵椭圆形,刚产出时似蛋白状,约 2 小时后呈淡粉红色海绵状,孵化 5 天左右呈棕褐色,大小约为 28 毫米,重约 1.5 克,茧内含幼蛭 30 条左右,经 20 天即孵出幼蛭,个体长 5~10 毫米。幼蛭钻出卵茧后即用头部的化学感受器找到幼小的螺类并钻入其体内取其体液（此时的幼蛭 3 天内也可靠卵黄提供营养）,摄食量颇大,个体生长迅速,所以每天需清除螺壳。清洗时必须注意螺壳内躲藏的幼蛭,此时必须设法让幼蛭吃饱。错过产卵前购水蛭,可人工购回卵茧进行人工孵化。

7.7 水蛭的人工孵化

水蛭繁育池一般建在避风向阳、排灌方便、水源充足、水质清新无污染的地方。池宽 5~8 米,水面宽 3~5 米,长 10 米左右,水深可保持 0.5~1 米。对角设进出水口一个,并用密网封口防止水蛭外逃,周围设有围栏防逃。种蛭放养前,向养殖池注入 0.5 米深的水,种好水草及严格控制水质鲜、嫩、活。水面四周设宽 0.5~1 米的平台,池塘溢水口低于平台 3~5 厘米,平台高出水面 2~10 厘米。平台用土为富含腐殖质的沙壤土,便于水蛭打洞产卵茧,平时平台要防积水,防干旱,雨后防水淹。池塘消毒宜采用强氯精等药物,不能使用生石灰及其他有害药物。

水蛭为雌雄同体,异体受精。因此水蛭每条均能繁殖。每年 4 月下旬至 6 月中旬是水蛭产卵期,5 月中旬为繁殖高峰期。水蛭将卵产于茧中，茧埋于湿土中，水蛭每次可产卵茧 4 个左右，每个卵茧可孵出幼蛭 15～35 条。水蛭产卵期应保持安静，避免在岸边走动。否则，正在产卵的水蛭会受惊而逃走，形成空茧。水蛭产下的卵茧，在 25℃ 的潮湿土壤中，经 16～25 天即可孵出幼蛭。刚孵出的幼蛭 2～3 天内靠卵黄维持生活，3 天后即可进食，15 天后体长可达 15 毫米以上，即可按成体饲养。

采集水蛭的卵茧一般在每年的 4 月中下旬，在水沟、河边、湖边等潮湿的泥土中，发现有 1.5 厘米左右孔径的小洞后，可沿小洞向内挖取，即可采集到泡沫状的水蛭卵茧。在采集卵茧时要十分小心，不要用力夹取，否则会损伤卵茧内的胚胎。采集到的卵茧应及时轻放到孵化器内。孵化器可采用普通的塑料盆、盒等容器，规格大小应视放卵量的多少来确定。在孵化器内先放一层 1～2 厘米厚的沙泥土，沙泥土的含水量在 40%～50%，将卵茧有小孔的一端朝上，整齐排放在孵化器内，表面再盖一层潮湿的纱布或几层纱布，以增加孵化器内的湿度。在孵化器的外面，用塑料袋（可用食品塑料袋）包裹严实，防止孵化器内的水分蒸发。这样经过 20 天左右可自然孵化出幼蛭来。一般采集水蛭的卵茧进行人工孵化，也是大量获取种源的简单易行方法。

人工孵化是通过人工控制温度和湿度，或通过人为创造适合孵化的环境，以提高孵化率的方法。

（1）全人工孵化 这种方法全部靠人工孵化，主要适用于产卵量少或刚开始养殖水蛭的养殖户。全人工孵化一般选用塑料、木制、搪瓷等盆、盒用具。底部放一层 1～2 厘米厚的孵化土（可将松散的沙土和松壤土混合一起），然后将卵茧放入盆、盒内，为了保持一定的湿度，上面可以再盖一层棉布等物。孵化时的温度应控制在 20～23℃，过高或过低都不利于卵茧的孵化。孵化土的湿度在 30%～40%，空气中的相对湿度应保持在 70%～80%。当湿度不足时，可直接向棉布上喷雾状的水，但要防止过湿。在温、湿度适宜的情况下，一般经过 25 天左右即可孵化出幼蛭来。为了防止孵化出来的幼蛭乱爬、逃跑，可在孵化器下设一个较大的水缸或其他盛水的容器，倒入适量的水。根据水蛭的趋水性，使孵化出来的幼蛭，自然掉入水内。然后在水中放一些木棒或竹片等，供幼蛭爬到上面栖息。待卵茧全部孵出后，可整体转入饲养场地，进行野外饲养。

（2）人工创造适宜环境自然孵化　当产卵茧量比较多、孵化工作量较大时，可专门建立孵化养殖池。把卵茧装入孵化器后，直接摆放到孵化养殖池的岸边，利用自然温度，然后再加上人工增加湿度的办法，经过18～30天即可孵出幼蛭。随后幼蛭可自由爬向孵化养殖池中。但应注意下雨天要遮盖塑料布，防止雨水过大造成卵茧缺氧，胚胎窒息死亡，孵化不出幼蛭来。

（3）无土产卵孵化　这种孵化方法最省事。在水蛭产完卵的时候，把种蛭拿出来在室外养殖。孵化卵茧时保持一定的湿度即可，适时通气，直至水蛭幼苗孵出来。如果发现媒介物质有腐变、霉烂、积水等现象，则该环境不适宜再继续孵化水蛭卵茧，要重新更换媒介物质。

采集到的卵茧应及时轻放到孵化器内。孵化器可采用普通的塑料盆、盒等容器，规格大小应视放卵量的多少来确定。在孵化器内先放一层1～2厘米厚的沙泥土，沙泥土的含水量在40%～50%。将卵茧有小孔的一端朝上，整齐排放在孵化器内，表面再盖一层潮湿的纱布或几层纱布，以增加孵化器内的湿度。在孵化器的外面，用塑料袋（可用食品塑料袋）包裹严实，防止孵化器内的水分蒸发。在孵化盘下放一个比孵化盘大得多的大塑料盆，里面放上水，盆中间用砖或其他东西垫起，使孵化盘离开水面，孵化出的幼水蛭可爬入塑料盆的水中。在盆内水中要放几块小木片供幼水蛭爬到上面栖息。

孵化期长短与温度和湿度有关。孵化室温度应控制在20～23℃，孵化土的湿度为30%～40%，空气相对湿度应保持在70%～80%，在这种条件下25天左右即可孵出。孵化期间要特别注意湿度，水分蒸发过多会造成干胚而使胚胎死亡。注意应往盖布上喷水、保温。

宽体金线蛭必须经过1～3个月的冬眠才能产卵，因此有的水蛭养殖单位宣传说每年每条产卵3～4次、1000～2000个，是缺乏科学依据的。当然，日本医蛭在 8～9 月份可再产卵 1 次。

经过两个多月的饲养，水蛭可长到 4～5 克，10 月份可长到 8～9 克，最大的可达 11～12 克。水蛭生长速度与饲料、养殖池内生物链的搭配、水质的酸碱度和适宜的气候等有关。

第8章

水蛭的饲养管理

8.1 水蛭池的消毒处理

11 月下旬待水蛭捕捞结束开始至翌年 3 月底，水蛭放养前需进行网箱检查和维修并对池塘清理和消毒。除了利用药物对养殖水体进行消毒外，还应修整池塘，通过清除淤泥、干冻或曝晒池底、修补渗漏，进一步达到杀灭病原、提高养殖产量的目的。

新建造的水泥池，表面对氧有强烈的吸收作用，可使水中溶氧量降低，pH 值上升（呈碱性），形成过多的碳酸钙沉淀物。为了给水蛭创造一个良好的生长环境，有必要对新修建的水泥池在使用前进行脱碱处理。脱碱的方法一般有以下几种。

① 直接浸泡法　养殖基地建好后将溢水口堵住，放水浸泡土壤和水泥池，直至水体发绿，池壁长满青苔，一般要 15～20 天，气温低时要更久一些。

② 过磷酸钙法　对新建造的水泥池，蓄满水后按每立方米水体 1 千克的比例加入过磷酸钙，浸池 1～2 天，放掉旧水换上新水后，即可投放种苗。

③ 酸性磷酸钠法　新建的水泥池，蓄满水后按每立方米溶入 20 克酸性磷酸钙，浸泡 1～2 天，更换新水后即可安放种苗。

④ 冰醋酸法　新建水泥池，可用 10% 的冰醋酸洗刷水泥池表面，然后蓄满水浸泡 1 周左右，更换新水后即可投放种苗。

⑤ 薯类脱碱法　若是建设小面积的水泥池，急需处理又无上述药物时，可用番薯、马铃薯等薯类擦抹池壁，使淀粉浆粘在池表面，然后注满水浸泡 1 天即可脱碱。

经以上脱碱方法处理后的水泥池，可以用 pH 值试纸或者从水中的黏度、产生水垢及沉淀物的多少等来了解其脱碱程度。然后将蛭池清洗干净，灌水后先放入几条水蛭试养 1 天，确定无不良反应时，再投放种苗饲养。

8.2　幼水蛭的饲养

卵茧形成期要保持环境安静，尽量避免在池边走动，以防水蛭受惊逃走，造成空茧。水蛭产卵茧后即可将其捕捉至另一池饲养，卵茧留池中自然孵化。幼蛭孵出后，要保持环境安静，投放幼嫩的蚌类、螺蛳供其取食。

（1）苗种放养　水蛭苗种可自行繁殖或购买，选择体质健壮、无伤、游动活跃的蛭苗。放养规格约 1.5 厘米（0.7～0.8 克），放养密度为每平方米放 50～70 尾，即每亩面积可放养苗种 2 万～3万尾（10～20 千克）。放养时切勿直接放入水中，而是将苗种放于岸边阴凉潮湿处，让其自行爬入水中，提高放养成活率，早春放养10 月份即可长成出售。

（2）幼蛭培育　刚从卵茧中孵化出来的幼水蛭，身体发育不完全，对环境的适应能力较差，对病害的抵抗能力较弱。因此，水温应保持在 20～30℃之间，过高或过低都会对幼水蛭生长不利。

水蛭以水草、水中微生物和有机质为食。人工养殖以投放螺蛳为主，每亩水面可一次性投放 25 千克左右，让其自然繁殖供水蛭自由取食，不足时可喂些蚯蚓、昆虫。每周喂一次动物鲜血凝块，要及时清理残渣，保持水质清洁。幼水蛭的消化器官性能较差，因此应注意投饵的营养性和适口性。饲喂水蚤、小血块、切碎的蚯蚓、煮熟的鸡蛋黄等效果比较好，而且应少食多餐。幼水蛭特别喜欢清新的水，应勤换水。

因为让刚孵化出的水蛭苗进食很困难。刚孵化出幼苗的第一次进食，必须喂一些它们喜欢吃的东西，否则会在 2～3 天之内全部死掉。如果幼苗进食成功，后边的饲喂就较为简单了。摸索出来的方法是根据幼苗喜欢吃的东西以及幼苗快速成长的营养需要，自配饲料。把青草饲料、乳汁饲料等一起粉碎搅拌后进行合理饲喂。

养殖水蛭，密度应根据蛭体大小和池水深度而定。一般幼蛭每立方米水体为 15000 条，成蛭每立方米水体为 10000 条左右。大塘养殖，成活率不高。比如一个几亩的大塘，放几十万只水蛭苗，满塘都撒饲料不行，浪费且污染水质，也不能保证每个水蛭都能吃到食物，因为水蛭喜欢群居。改大塘为一个一个的小池塘，这样的小池塘既能够产卵，又能够育种，还能够精养幼苗，便于对不同阶段的水蛭进行管理。幼苗在一个池子里养，等到幼苗长到 2 厘米左右的时候再进行分养。这样可以确保水体深浅一致、水蛭个体大小一致，便于对每一个塘里的水蛭的生产数量和大小都心中有数。分池一般在 7 月上旬进行，即将已繁殖的水蛭移至水蛭池中，便于分档管理。而留下的幼蛭密度控制在每平方米 70～100 条。幼蛭放养时间为 4 月底、5 月初，放养密度为每平方米 3000～3500 条。经过一个月的饲养，幼蛭可长到 2～4 厘米，然后开始分池养殖。一般情况下，成活率能达到 70%～80%。水蛭的生长期较长，由幼体到成体需半年至 3 年时间。

目前我国大量用于研制中成药的主要以宽体金线蛭、茶色蛭、医蛭为主，人工养殖也应以这三种为好。因这三种水蛭体型大、食性杂、易饲养、生长快，放养时，各种品种的水蛭应分池饲养。投放饲料应根据不同种类水蛭的食性进行选择性投放。饲养宽体金线蛭可一次性投放饲料，如各种螺类、贝类、草虾等，每亩可投放 20～30 千克，不宜过多，以防池水供氧不足和与水蛭争夺空间。池里还可适当培植一些萍类或水草，为水蛭提供活动和栖息场所。每年还应投放两次半熟的家禽、家畜的血或刚打死的老鼠（不是毒死），一次可在 4 月中下旬，一次可在 8 月中下旬。如投放死物，血被吸完，要及时捞起埋掉，以免腐烂污染水质。

饲养池水温在 15～30℃时，水蛭生长较为良好，在 10℃以下停止摄食，35℃以上影响生长。人工饲养密度较高，水质应保持清洁新鲜，无污染物流入，要稳定池水溶氧量，在必要时还要安放增氧器。7 月中旬至 8 月下旬，因气温高，应适当换水。我国北方冬季寒冷池水应深一些，以防水蛭冻死。

8.3 水蛭的日常管理

在掌握了水蛭的生物学特性，进行良种鉴别后，养殖的关键还在于日常管理，水蛭的养殖日常管理可分为生存载体和关键时期的日常管理两部分。生存载体的日常管理应做好以下几点。

8.3.1 水的管理

水是水蛭生长栖息的主要环境，因此，水的管理对水蛭的养殖是否成功至关重要，绝不可忽视，更要在日常管理中放在重中之重。

（1）调节温度　水温低于15℃时，注意加温。水蛭繁殖期水温最好控制在25℃左右，温度高（如超过30℃）时，则应采取遮阴降温措施。温度低（如低于15℃）时，则应用塑料膜覆盖，尤其在晚上，更应注意防止温度的突然下降。

（2）控制湿度　控制湿度应掌握两个方面，一方面是产卵场的泥土的湿度要达到30%～40%，防止过干或过湿；另一方面是空气中的相对湿度应保持在70%左右。

（3）换水　水蛭在繁殖期应保持水质清新。因此要做到勤换水，水体要及时更换，一般7～10天更换1次。换水时不要大部分或全部更新，先放出少量旧水，再注入少量清水。每次最多可更换一半，防止因温差变化较大，影响医蛭的消化能力或引发其他疾病。

也可先将底部的旧水抽出，然后再注入新水。为防止水质恶化，正常养殖时，注水和出水速度相均，使池水处于微流的状态。所以，夏天每7天换水1次，春秋每14天换水1次，换水量为原池的1/3～1/2，并做好有关养殖记录。

8.3.2 投料喂食

繁殖期水蛭要消耗大量能量，因而饵料要精良、充足，更要注意饵料的新鲜。水蛭的饵料以天然饵料为主，也可投放一些人工饲料。水蛭主要摄食的天然饵料种类有螺类和蚯蚓、鱼、蛙及畜、禽等动物的血。规模养殖辅投各种人工饵料主要是各种动物的血、内脏和淡水鱼虾贝螺类，以及畜用配合饲料和农作物的秸秆及植物饲料等。每亩水域可一次性投放螺蛳 25 千克左右，让其自然生长繁殖，供水蛭取食。每周喂 1 次动物血和其他植物性饲料。

池塘养殖可投放一定数量的野生螺蛳或福寿螺，量一般为每平方米放 0.05～0.1 千克，让其自然繁殖，与水蛭共生共长，供其摄食。螺蛳可随种水蛭一次性投放，重量为水蛭重的 5 倍，利用生物链形成良性循环。放螺数量不宜过多，过多则与主养品种争夺生存空间。投喂动物血或拌饵投喂时，应注意间隔投喂和及时清除剩饵，天热时更要注意，以免污染和败坏水质，影响水蛭生长。

动物血每 5～7 日喂 1 次（血要新鲜凝块），每隔 5 米放一块，水蛭闻到腥味会很快聚拢吸食。剩余的血块要及时清除，防止发霉变质引起污染。医蛭的饵料以新鲜的猪、牛、羊等脊椎动物的凝血块为好，或用干血粉。可于每日下午 5～6 时投放在池边的饵料台上。要求饵料台一半在水上、一半在水中，这样既可引诱水蛭吸食，又可防止水的污染。

如果喂蝇蛆，应将蝇蛆用漂白粉溶液消毒。每升水充分溶解 100 毫克漂白粉，将蝇蛆放入浸泡 5 分钟，再用清水洗干净投喂。投喂蝇蛆要放在食台上，做食台的材料应选择能漂浮在水面上的木板或泡沫板。投喂时间一般在傍晚 7～8 时。

要做好食台和养殖池卫生。经常清扫食台，每隔 10～15 天用每立方米 1 克漂白粉水溶液全池均匀泼洒一次，防止病害发生。

8.3.3 巡池

巡池就是围绕养殖池巡检，每天早晚各观察 1 次。检查水蛭的活动、觅食、生长、繁殖等情况，是否有疾病发生，检查防逃设施是否完整，是否有天敌进入、防盗设施是否有损坏，发现问题要及时解决。尤其是水蛭产卵的场所。每天坚持巡池，认真观察，注意水质水位变化。检查防逃网修补破洞及扶好网桩，捞除螺蚌壳，捕杀敌害。

巡池时应密切注意幼蛭的生长情况及其表现，高温季节每立方米应定期用 0.2～0.4 克的呋喃唑酮或 0.3～0.5 克的优氯净、强氯精消毒以防肠道感染、体壁溃疡等疾病的发生。用水要过滤，以防野杂鱼、蟹等进入。饲养密度一般掌握在每平方米 50～70 条，有条件者可进行水体循环式养殖，每平方米 100～150 条，但要分次多量投入田螺。

要经常巡塘发现水蛭逃跑应及时捉回，查找逃跑原因，采取防逃措施，特别是雨季更应注意水蛭外逃，检查注排水口是否通畅，防止水大溢塘。在池塘的四周设立细围网既可防水蛭外逃，又可防止其敌害生物如蛙、蛇、鼠等进入蛭池伤害水蛭。

因此，综上所述，日常管理中每天要坚持巡查，注意观察以下情况：

① 观察水蛭的活动情况　如发现水蛭群集在水池侧壁的下部，并沿侧壁游到中、上层，而却很少游出水面，这是水中缺氧的信号，应立即增氧或换水、加水。观察水中的浮游生物数量是否急剧减少，以决定是否往水中施肥。

② 注意防逃　一般情况下，水蛭不会外逃。若条件不适时，它也会逃走，尤其是阴天或雨天更要注意。严禁敌害进入饲养池，水蛭主要天敌有田鼠、蛙类、蛇、鱼、水鸟等。土壤要达到要求的水平，泥土要松软。防逃设施如稍有损坏就应及时补好，防止水蛭外逃造成不应有的损失。

8.3.4　防病

对病害应贯彻"预防为主"的方针。定期进行消毒。可用漂白粉 7～10 天消毒 1 次，用量要少，否则对水蛭的繁殖不利。发现有生病的水蛭应立即隔离治疗，防止疾病的蔓延和传播。

水蛭的抗病能力极强，在整个养殖周期内如几乎没有发生任何疾病，则建议不要使用任何药物来防病，特别是敌百虫之类的杀虫药，在养殖池周围环境都要禁止使用。

8.3.5　越冬

水蛭生活最适温为 22～30℃，10℃以下即停止取食，钻入土中冬眠。为使水蛭安全越冬，应保持池水深度或进行池上覆盖。北方冬季严寒，池水一定要加深，防止水蛭冻死。

水蛭冬季蛰伏，要在养殖池中放些水浮莲、水葫芦等水草，枯死的水草及时清除，还可放些石块、瓦片、木板、竹片等便于水蛭藏身。如果有条件可采用日光温室养殖，及早转入温室内，打破水蛭的冬季休眠习性，饲养池水温保持在15～30℃。

选择个体较大、生长健壮的留种，一般每亩留15～20千克，集中放入育种池中越冬。越冬前要把水放掉，池面和池周围加盖草苫或秸秆防冻，并保持泥土湿润。也可带水越冬，但一定要将池水适当加深，防止完全结冻。

8.3.6　收获加工

水蛭一般经过8个多月的生长，早春放养的幼苗到10月份即可进行采收加工。温室养殖宽体金线蛭一年可采收2次。第1次可安排在6月中、下旬，将已繁殖2季的种蛭捞出加工出售；第2次于9月中、下旬进行，捕捞一部分早春放养的体型比较大的水蛭。采收时把池水放掉或抽掉，用密网直接捕捞，也可用引诱法或其他方法抓捕。捕捞原则是捕大留小，未长大的水蛭留到第2年捕捞。先排一部分水，然后用网捞起，也可在晚间用小捞子捞出。注意全部捕捞后要进行清池。

打捞出的水蛭常用的加工方法有生晒法或水烫法。将水蛭用细线或铁丝串起，悬吊在阳光下直接曝晒至全干，或将水蛭集中放入器皿中，倒入开水至淹没水蛭约10厘米，烫20分钟左右，待水蛭死后捞出洗净，放在干净的地方晒干。水蛭干品质量的好坏是影响其出售价格高低的关键因素。成品以呈自然扁平纺锤形，背部稍隆起，腹面平坦，质脆易断，断面呈胶质状而有光泽者为佳。

8.3.7　不同水蛭的日常管理

不同种类的水蛭，觅食的对象不同。因此，在日常管理上也有很多不同之处。目前人工养殖可利用的水蛭大部分为宽体金线蛭、茶色蛭和医蛭，以下就这三种水蛭分别进行分析。

（1）宽体金线蛭的日常管理

① 饲料要求　宽体金线蛭通常以吸取小动物的体液为生，也吸食水中的浮游生物、小昆虫、软体动物幼体和泥面的腐殖质等。每年的4月中旬至5月下旬，是幼水蛭生长旺期，此时可向水面泼洒猪、牛、羊等脊椎动物血液，供幼水蛭吸食，但要根据幼水蛭的密度，确定血液的投放量，要少量投、多次投，防止投食过多，造成不良影响。5月下旬可向水池中投放活的田螺、河蚌、蚯蚓等软体动物，供水蛭吸食，投放量不宜过多，不足部分可用人工饲料作补充。

② 水体要求　水体要求肥、活、清，含氧量充足（含氧量0.7毫克/升以上）。水肥度不够时，可将少量的牛粪或鸡粪发酵后撒入池底既可保证水的肥度，又可使池底保持松软。但水体不能过肥，否则容易造成缺氧。发现水质恶化时，要及时更换新水。换水时最好一头注入，而另一头排出，形成微流，对水蛭的生长极为有利。

（2）茶色蛭的日常管理　与宽体金线蛭日常管理相似。另外，可每隔1～2个月加喂一次牲畜的新鲜血液或凝血块。

（3）医蛭的日常管理

① 饲料要求　医蛭的饲料以新鲜的猪、牛、羊等脊椎动物的凝血块为好。要求饲料台一半在水上、一半在水中，这样既可以引诱医蛭吸食，又可防止水的污染。一般每隔5～7天投喂1次，剩余的血块要及时清除，防止变质而引起水体污染。

② 水体要求　水体要及时更换，一般7～10天更换1次。换水时不要大部分或全部更新，每次最多可更换一半，防止因温差变化较大、影响医蛭的消化能力或引发其他疾病。可先将底部的旧水抽出，然后再注入新水。

饲养过程中，应把大、中、小水蛭及时分离。可设小水蛭池、中水蛭池、种蛭池，种蛭池设置在中、小水蛭池中间，池壁安装过滤网让其自行过滤分离。种蛭密度控制在每平方米300～400条，幼蛭密度控制在每平方米1000～1500条。分级饲养，一是便于有针对性地投食，大水蛭池投大田螺，小水蛭池投小田螺等食物；二是可以根据不同阶段水蛭的进食量投食，避免投食不均的现象，提高饲料的利用率。

最后，要做好养殖记录。记录种苗放养的时间和数量，繁殖期间的温度、湿度、投料、水质、繁殖数量、疾病防治以及捕捉与销售等情况，尽量详细地记录下来，以便积累科学数据、总结经验，提高养殖技术水平。

8.4 城乡庭院养殖水蛭

水蛭，其干制品炮制后可入药，具有治疗中风、高血压、清瘀、闭经、跌打损伤等功效，水蛭制剂在防治心脑血管疾病和抗癌方面具有特效。其次，水蛭具有生命力强、繁殖快、产量高以及养殖易推广、投资少、效益高等优点，深受广大农民朋友的欢迎。

野外粗放养殖是利用自然条件，通过圈定养殖范围后进行保护的一种养殖方式。野外粗放养殖，并不是不管不问，也要通过投放足够的种源，适当投放饲料，最后进行捕捞。一般有水库养殖、池塘养殖、沼泽地养殖、湖泊养殖、河道养殖、洼地养殖及稻田养殖等。这几种方式养殖面积较大，光照充足，天然饲料丰富，投资小，收益大。但单位面积产量较低，不易管理，要时常注意预防自然敌害、防逃以及水位涨落的变化等。以下简单介绍其中几种养殖方式。

水蛭作为新兴的养殖项目，养殖户可以因地制宜，城镇居民及农户可利用房前屋后闲置地发展庭院水蛭养殖，开展小规模养殖。主要的庭院水蛭养殖有以下几种类型。

（1）池养 家庭式池养可按坑塘养殖方式用砖砌池，池高70厘米、长200厘米、宽120厘米，池底铺砖，铺15～20厘米泥土，池壁用水泥抹面，池中用砖起垛，垛高20厘米、长40厘米、宽30厘米，池中放些石块、水草、树枝等，池底留出排水孔，池中水深30厘米左右。池顶部应架棚，可在池周围栽树，或在池上边搭葡萄架，在池一边栽葡萄，以便防晒防雨。每池放养种蛭200条为宜，待幼蛭长至2厘米左右时，可分池饲养。

（2）缸养 养殖户可利用自家的大水缸饲养，水缸入地1/3

（冬季应埋入地下 2/3），缸底铺 5～10 厘米泥土，水面低于缸边 20～30 厘米，缸内中间用砖瓦或砖垛成低于水面 3～5 厘米的投料台，缸壁水面处用细竹竿或柳条等编成圈，供水蛭栖息。

（3）桶养　用 100～150 升大塑料桶进行养殖，各项要求与缸养相同。

8.5　池塘养殖水蛭

（1）池塘条件　池塘为长方形，东西走向，避风向阳，面积 3.2 亩。池深 1.5 米左右，水深 1.0 米，水质 pH 为 6.7，为弱酸性，水质清新无污染，排灌方便。池塘坡度比为 1∶2.7，底质泥质，淤泥厚度为 20 厘米，池底较为平坦并向排水口倾斜，池埂高出地平面 0.5 米。

（2）池塘准备　将池塘的水彻底放干后，进行 1 周的曝晒烤塘，进水前每亩用 100 千克生石灰的标准进行池塘消毒处理。池壁用青砖浆砌，坚固无漏洞，在池壁四周用含有丰富腐殖质的疏松沙质土建 0.5 米、宽 0.2 米厚的产卵台，平台高出水面 5 厘米，且要保持湿润，便于水蛭产卵。平台面上覆盖一层水草，以保持产卵台的湿润。池塘四周建有用砖砌成的防逃围墙，高度为 80 厘米，内侧用水泥和沙子抹成麻面，防止水蛭利用吸盘吸附逃跑。为防止敌害生物侵袭，在池塘四周加设了 1.1 米的防护墙。防护墙采用普通塑编蛇皮布，下端埋于地下，每隔 3～4 米用木桩进行加固。

池四周设置排水孔，排水孔低于产卵平台 5 厘米。水蛭池塘整理好后，在池塘的底部以每亩放 300 千克的标准均匀铺撒一层猪粪，增加水质的肥度，10 天后待水中的碱性消失便可进行水蛭投放。一般要求规格为每条 20～30 克，每公顷投放种蛭 4500 千克。

（3）种蛭规格　购买种蛭最好到专业养殖场，也可人工捕捉野生种驯化作种。人工捕捉野生种可在清晨或傍晚，直接用手捕捉或用小捞子捞捕，也可放置瓦或竹桶等诱捕，量大时可用渔网捕捞。水蛭要求齐整，游动活泼，伸缩幅度大，健康无病。可选择健壮粗大、活泼好动，用手触之即迅速缩为一团的，3 年以上（已经历 2 个冬天）的成蛭作为种蛭。

（4）清塘、消毒　引种前 10 天抽干池水，用 250 千克生石灰化乳全池泼洒，彻底清塘，杀灭池中病原体。也可以在水蛭放养前用 0.01％的高锰酸钾水溶液消毒，浸泡 10 天后投入池塘中。种蛭入池前，可用漂白粉药液 8～10 毫克/升或高锰酸钾液 10 毫克/升浸洗消毒，一般 15～20℃，浸泡 15 分钟。

（5）饵料生物置入　放种前 3 天由场外河道打捞鲜活螺蛳 110 千克、河蚌 100 千克均匀置入池中，作为水蛭的饵料。螺蚌的生长，要求池水具有相应的肥度，提供浮游动、植物和腐殖质，因此追肥是必不可少的。追肥掌握量少次多原则，有机肥要充分发酵腐熟。追肥量视池水而定，水瘦多追，水肥少追或不追，透明度一般掌握在 20～30 厘米，以池水肥、活、嫩、爽为度。

（6）种蛭下塘　下塘前测量池水酸碱度，pH 值在 7～8.5 范围，放养时水深在 30 厘米即可下塘。水蛭属变温动物，对放养时间没有严格要求，一般选择在阴天或多云天气。但下塘时池水和运输用水的温差不能过大，一般不超过 3℃。温差大时易造成水蛭病变，身体局部结块变硬。下塘前采用池水与运输鱼篓中水不断交换的方式，逐渐缩小温差，在温度达到适宜范围后下塘。下塘时采用多点投放，以便水蛭在池中分布均匀。

（7）投饵管理　投饲天然饵料以淡水螺类、蚯蚓及部分昆虫为主，辅投各种动物血、内脏和淡水鱼、虾、贝类，以及畜用配合饲料。水蛭投喂动物血块为每周投 1 次，血块中不能含盐。为不影响水质，不能直接将血块投入水中。可将血块放在木块上，使其浮在水面上。水蛭嗅到味后便可爬上采食，血块放置时间不得超过 2 天。另外每亩水面 1 次性投放 50 千克田螺，让其自然繁殖供水蛭取食。

水蛭在水温为 22～27℃时摄食旺盛，可多投饵，时间在水蛭晚间出动觅食之前。水温下降到 10℃以下时，水蛭便停止摄食，蛰伏在淤泥中越冬，翌年 3～4 月份水温上升后才出蛰活动，这期间没有必要进行饵料投喂。

（8）繁殖期管理　水蛭雌雄同体，异体受精。2 条水蛭交配时头端方向相反，各自的雄孔正好对着对方的雌孔，阴茎从雄孔伸出，将包裹精子的精荚输入雌性生殖器内完成交配。水蛭产的是卵茧，卵茧内有一种蛋白液，受精卵就在其中，卵茧多产于养殖池塘潮湿离水面10厘米左右的泥土中。因此水蛭的养殖池以土池为佳，如果是水泥池，池内要设置"土山"，以便水蛭产卵繁殖。

水蛭像桑蚕一样，通过作茧繁殖。每个蛭茧可孵出幼蛭70~80尾。幼蛭孵出后喜栖息在隐蔽安静的环境，因此应人为设置栖息隐蔽物。隐蔽物有多种，在岸边放置瓦片、砖块、石块、种植水草等均可。与鱼虾养殖不同，水蛭产量的获得，不是以放入种蛭的个体增重为目的，而是以幼蛭繁殖生长为主。水蛭的卵茧孵化要有一定的湿度和温度，因此繁殖期的管理至关重要。其间应勤巡塘、勤观察，保持池水稳定，既不可水位上涨，淹没蛭茧，也不可水位下降，干死蛭茧。若水位上升，淹没卵茧，卵茧会因缺氧窒息而死；而若水位下降，泥土湿度降低，影响孵化，甚至卵茧因缺水干燥而死亡。因此在养殖生产中要保持养殖池水位稳定。

产卵茧期，应尽量保持安静，不惊动正在产卵的成蛭，以免出现空茧。孵化期间，应避免在平台上走动，以免踩破卵茧。平台面要保持湿润，若碰到下雨天气要疏通溢水口，水面不能没过平台，保持3厘米的差距为宜。

水蛭食量很大，为了使其产卵茧多，每个卵茧孵化出更多的幼蛭，需要供应足够的饲料，另外每亩水面一次性投放50千克田螺，让其自然繁殖供水蛭取食，每周喂一次动物血。水蛭亲体交配1个月后，种蛭便开始产卵，产卵茧期间，水蛭常常夜间爬出水面，钻入专门为它设计的产卵平台的土中产卵。受精卵在温度适宜条件下（为16~25℃）便孵出幼蛭且能独立生活。

初孵化出的幼蛭3天后便可摄食，这期间幼蛭以水中的浮游生物和田螺血液为食，为避免幼蛭食物不足可用熟蛋黄揉碎后全池泼洒。

（9）幼蛭培育　刚从卵茧中孵化出来的幼水蛭，身体发育不完全，对环境的适应能力差，对病害的抵抗能力较弱。因此水温应保持在20~30℃，过高或过低都会对幼水蛭生长不利。幼水蛭的消化器官性能较差，应注意投料的营养性和适口性，饲喂水蚤、小血块、切碎的蚯蚓、煮熟的鸡蛋黄等效果较好，而且应少食多餐。幼水蛭喜欢清新的水，应勤换水。

（10）敌害防御　水蛭的天敌较多，如蛇、鼠、青蛙、水鸟、蚂蚁、龙虱以及大型枝角类、桡足类等。池塘周围设置防护墙非常重要，可有效防御蛇、鼠、青蛙、蚂蚁的侵袭。防御水鸟可采用池边扎放恐吓物和人为驱赶。对龙虱、大型枝角类、桡足类的防御可采用调节水质来控制，只要水质不老化，施肥量恰当，螺蚌存塘量适中，勤加、换水，保持水质的肥、活、嫩、爽，这些敌害生物就能得到有效控制。

（11）日常管理　每天坚持巡塘，做好池塘日志，注意观察水蛭的活动情况和水色的变化。应尽量保持水蛭池塘四周环境安静，以免惊动怀卵茧的水蛭而造成产空茧。适时追肥，向水体中投放猪粪或鸡粪，保持水体中浮游生物的数量，为水蛭特别是幼蛭提供丰富的食物。严禁乌鳢、黄鳝、鲶鱼等凶猛型鱼类和青蛙、蟾蜍、水鸟、鸭子等天敌进入池塘。

8.6　稻田养殖水蛭

水蛭对水环境的条件要求不高，不仅可以在池塘养殖，也可以在稻田养殖。养殖水蛭的稻田插栽与普通稻田的插栽基本相同，要选择生育期长、茎秆坚硬水稻品种种植。

人工养殖水蛭选择个体健壮、肥大、性情温顺、产卵多、繁殖快的品种。稻田的特点是水位浅、水温适宜，又有水稻遮阴，从含氧量到丰富的饵料都适合水蛭的生长和繁殖。因此，在我国大部分稻田中，都生长有不同品种的水蛭。利用水稻田养殖水蛭，从而达到增收增效，种养双丰收的目的。其科学化的设施建造和管理技术如下。

（1）稻田条件　养殖水蛭的稻田要求水源充足，排灌水方便，水质良好，肥力好，土质的保水性能也要好。面积以1～2亩为宜，四周用围栏圈围起来。

（2）苗种的来源　水蛭苗种的来源可以到其他养殖场购买，也可以在春夏季节，用浸透猪血的草把从天然水域中诱捕。

8.6.1 稻田的主要设施

(1) 沟渠 先加固田埂，夯打结实，以防渗漏倒塌。田内开挖渠沟，一般以"田字格"形为好。田间挖坑起埂，长、宽根据规模而定，深60厘米，挖出土起埂，埂宽40～50厘米，埂高80厘米，水面离埂也不少于20厘米，两头分别设进水口和排水口，池底铺泥土15～20厘米，池边水面处放些石头、树枝或水草供水蛭栖息，塘中每5平方米设一个投料台，投料台低于水面3～5厘米。

在养殖水蛭的稻田四周要挖沟渠，沟渠的深为1.2米、宽为2米。另外还要在稻田中央开挖若干条深为0.4～0.5米、宽为0.6～0.8米的渠道，与四周的沟渠连贯，形成"井"字形或"丰"字形。沟渠的面积约占稻田总面积的25%，使池、沟相通。当晒田、搁田施肥、喷药时，要用动物血把水蛭引诱到池塘或保护连通沟里，使水蛭免遭杀害。施肥最好改为球肥深施，喷农药最好改为低毒或无毒农药。田内蓄水深度保持在60厘米以上，经常保持沟内满水，以防夏季水温过高，让水蛭有栖息之处。

(2) 埂堤 稻田的四周要筑起一周埂堤，埂堤面宽为1米、高为0.6米。在稻田的中间，根据地块的大小，挖一个或几个池塘。一般以100平方米中间挖一个1平方米的池塘为宜，同时池塘与池塘之间，以及在稻田的四周挖深、宽各约30厘米的保护。

(3) 防逃墙 田埂要高出水面45厘米以上，在田的对角设进出水口，可选用水泥管或茅竹筒预先埋好，管口用细孔网纱绑扎好，以防水蛭随水流外逃。进水的外侧也用纱绑牢，防止杂物等进入。在田埂四周设防逃网，可选用尼龙窗网将下端埋入田埂10～15厘米，然后用木条或竹片固定。另外在出水口方的田埂上开设2～3个深25～30厘米、宽1～2米的溢水口，防止暴雨时水浸田埂，冲坏四周防逃网。也可以在养殖水蛭的稻田四周用塑料薄膜筑起一圈防逃墙，防逃墙的高为0.3米左右，防止水蛭逃跑，造成损失。

(4) 注排水口 在稻田的对角线位置要设注水口和排水口，注水口和排水口都要加设尼龙网，防止水蛭逃逸。

(5) 稻田养殖水蛭，在水蛭苗种放养前10天左右，要先施有机肥，一般每亩施腐熟的有机肥 300 千克左右。同时投放一些轮叶黑藻、水花生等水生植物，用以培养微生物和水草，保证水蛭放养后能够及时吃到可口的饵料。

8.6.2 稻田养殖的日常管理

稻田养殖水蛭的放养密度，一般为每平方米放养 800～1000条，也可以根据具体情况而定。如果水源充足，饵料丰富，可以适当多放，否则就少放一些，密度稀些。水蛭生命力极强，养殖技术简单，管理粗放，一般只要注意以下几个事项即可。

(1) 投饵　投喂的食料要新鲜，及时清除腐坏变质的食物。水蛭为杂食性，主食水体内的微生物、浮游生物，尤其喜食螺蚌肉、猪肝脏，及吸食其他动物的血液。在人工饲养条件下，可用畜禽血拌饲料或草粉来投喂，荤素搭配。还可以将螺类或蚌类投放到饲养池中，让其自然繁殖，供水蛭摄食。

水蛭主要以田螺、河蚌、动物血块、动物内脏等为食。田螺、河蚌可一次性投入 200 千克左右，让其在田里繁殖，与水稻、水中浮游生物共同形成一条生物、食物链。每周可投喂 1～2 次动物血块或内脏。投喂方法是用多块 30 厘米左右见方的木块，在一角钻一个小孔，穿入绳子扎好，另一端固定在田埂上，将动物血块放在木板上，让其在水面上漂浮，供水蛭自由采食，待吃完后用绳子拉回木板洗净下次再用。田螺繁殖能力很强，可持续为水蛭提供饲料来源。

投喂饵料时要注意"四定"原则，即定时、定位、定质、定量。定时，就是在每天的上午 10 时左右和下午 3 时左右各投喂一次；定位，就是每天都在沟渠边的固定位置投饵；定质，就是要保证饵料质量，饵料要新鲜，并要及时消除残饵，防止污染水质；定量，就是要根据水温等情况来调整投饵的数量，投饵量以水蛭吃饱为止，要防止投饵过多，腐败变质。

(2) 施肥　在稻田插秧和水蛭放苗前，要一次性施足腐熟的有机肥。当水质的肥力下降时，可追施菜籽饼粉，一般每亩施菜籽饼粉 10 千克左右，既可以为水蛭补充饵料，又可以作追肥。施肥方法可以少量多次。由于水蛭的抗病能力很强，再加上稻田的自然生态作用，因此水稻和水蛭都极少发生病害，一般不需要用药。

（3）水质调节　稻田养殖水蛭时，通常水层应维持在20厘米左右，一般每5～7天注一次新水。要经常观察水质的变化，发现异常，及时调节。水质保持清新不受污染，进出口保持有微流水。水温控制在20～30℃之间，夏季高温要保持水位，增大水流量。

（4）防逃　稻田养殖水蛭要坚持每天勤巡塘，注意观察埂堤、防逃墙及注水口、排水口等设施的状况，一旦发现问题，应及时予以解决。

（5）加工及销售　水蛭采收一般在冬眠前进行，届时将水排干，用网捞出水蛭，清洗干净后用石灰水或开水将水蛭杀死。然后摊平晒干或烘干即可。成品以大小整齐、表面乌黑呈胶质状、有光泽为佳。

田中套种水稻，水稻可选用高产、优质、耐肥、抗病、抗倒伏的一季晚稻品种，如"赣晚灿923"、"65002"等。这种栖息环境既好又可增产增收，一般每亩水面可产水蛭干品近150千克，种水稻可收至少400千克，栽茭白至少可收800千克，每亩利润2万元左右。水蛭养殖技术简单、管理粗放、繁殖快，是目前农村致富好项目。

8.7　水蛭与水生植物的循环养殖

水蛭是贵重药物水蛭素的主要来源。由于环境因素，野生资源逐年减少，而需求却不断增加，因而人工养殖悄然兴起。水蛭栖息于河湖沼溪等水域，与其他水生物互依共生。水蛭摄食水体中的各种微生物、浮游小昆虫、菌丝体藻类、底栖软体动物以及营养丰富的腐殖质。

水蛭养殖与水生植物兼作，就是利用水生植物如茭白、莲藕、蒲草、水芹等，及水域中丰富的底栖动物、浮游生物、底泥中的腐屑微生物等自然资源，进行水蛭养殖，这是一项新兴的水产养殖业。它以其独特的生态种植和养殖相结合的生产新方式，收到了节饵、节水、节地的功效，具有投资少、管理方便、经济效益高等优点，对调节农村产业结构、发展农村经济、增加农民收入，具有重要意义。

人工养水蛭，采用生态食物链养殖法，采用水蛭—莲藕—田螺循环养殖模式，即水面栽种莲藕，水中放养水蛭，水底放养田螺。这样，水蛭吃田螺，水蛭和田螺的粪便供莲藕吸收，莲藕为水蛭遮阳降温，田螺吃浮游生物、水草，三者之间互相依存、循环利用，组成了环环相扣的食物链。这样的养殖方式有辅助饲料省、成本低、无需经常和大量换水、防逃设施简单，且能优化生态环境等优点。只要充分做好食物链的前置工作，再经常施以发酵腐熟的动物粪便，借助大自然赋予的阳光、空气和水，便能获得食物链的良性循环。

混植与混养一般在南方可与茭白混植，养殖池四边为深沟，而中部大部分为茭白种植台，种植台水深一般掌握在 30～40 厘米。亦可与早稻混植，模式相仿。对于一些池口较宽、不便改造的旧鱼池，可考虑和鲢鱼混养。

8.7.1　水蛭与水生植物的循环养殖的蛭池建造

种茭白、植莲藕的池塘、沟渠、水田改造后均可作为放养池。选择避风向阳、地势低洼处建池，面积 0.2 亩以上。池中设浅水区和深水区以及滩坡和岛屿等陆地。水源条件好、排灌方便的莲池，四周建立防逃设施，进排水口用铁丝网或塑料网封好。陆地处种植饲料草和杀菌作物蒜葱，可起到防病作用。深水区铺垫土 25 厘米，水深 50～65 厘米，水体的 3/4 种植相应的浅水作物和粗高秆深水作物。

人工建造的饲养池埂高 1.8 米，池底宽一般为 3～5 米，池口宽 6～8 米（坡度比 1∶1.55），水深 0.8～1 米，长度一般为 50 米以上，可依地势或饲养量而定。池四周靠池壁建 0.5～1 米宽的平台，以便于水蛭打洞产卵茧。中间为水面，平台高出水面 10～20 厘米，平台应保持湿润和疏松。在与水面相平处设排水、进水口各 1 个。选择在莲池四周距水面 30 厘米的池边上，用铁丝网或塑料网围成高 50 厘米左右的防逃网，其下边要埋入土内 25 厘米左右。

之所以要将防逃网建在距水面 30 厘米的池边上，主要考虑到水蛭的产卵习性，因水蛭的卵多产在距水边 30 厘米以内距地面 2～6 厘米的土内。另外，防逃网不仅可以防止水蛭在雨量大或水流大时逃逸，还可以防止鸭、蟾蜍、蛙类等敌害进入莲池内捕食水蛭。一般要设一年生幼蛭池、二年生幼蛭池、三年生种蛭池、四年生种蛭池。

池中有水草和藻类作螺和蚌的食物。池上口斜竖防逃网，可选用 80 目的白色尼龙纱网。为保证水生植物和藻类生长良好，要适当投入腐熟的畜禽粪肥，一般每亩水面投入 200 千克，中后期酌情投施，原则是少量多次。

一般种茭白、植莲藕等水生植物面积占整个面积的 1/3，可作为水蛭的栖息场所。也可人工在池底放一些不规则的石块或树枝，供蛭栖息。新开池还要投入一些牲畜粪水，以培养浮游生物、调节水质和提高池塘腐殖质含量。

动物粪便富含营养物质，可任意取一种或几种动物的干、鲜粪便（其中食草性大畜粪的蛋白质含量相对较低，粗纤维较多；家禽粪蛋白质含量较高；猪羊粪居中），加入 25%～40% 的饲料草粉，与水充分搅拌，使粪草料的含水量在 60%～70%，手捏指缝见水不滴，然后放置半天，使水充分渗透后装入发酵池进行密封发酵。密闭中的含水有机物质，在厌氧微生物大量繁殖分解作用下，4～5 天后温度升至 60～70℃，随后温度逐步回落，发酵趋缓。由于粪料在发酵池中各部位的发酵程度不同，还需翻料后再发酵，这样经过 3～4 次翻料反复发酵，发酵基本到位。春秋季发酵全过程为 3～4 周时间。

如果把上述发酵后的粪料用尿素溶液（碱性）和柠檬酸水溶液（酸性）调整其酸碱度，使其值呈中性，然后拌入酵素菌等有益菌剂，温度适中时，数天后就会在粪料中长出大批菌丝蛋白体，这便是营养价值很高的微生物饲料。

粪料经过发酵，其中氨基酸、生物酶等易于被消化吸收的小分子营养物质的含量大幅度提高。同时，发酵中的高温还杀灭了病原体和虫卵，使粪料无臭无味，松软细爽，不污染水质，是养殖池中所有生物最理想的能量来源。粪料发酵得越充分，其理化性状就越优良，就越能促进生物群体的旺盛繁殖。采用上述方法，水蛭及其食物链始终能保持良性平衡。

每亩放养高产品种的螺蚌等贝类 80 千克，使之构成食物链的主体组成部分。食物链配置并调整合理，水源就清新，溶解氧就充足，所有生物都能同时获得充足的食源，食物链也能获得良性的动态平衡。

8.7.2 水蛭与水生植物的循环养殖的苗种放养

水蛭的种类很多，目前养殖的品种主要是宽体金线蛭，该蛭个体大、生长快、繁殖率高。水蛭种苗可捕捉自繁或可购买，各地养蛭应因地制宜选择。水蛭放养要选择健壮粗大、活泼好动，用手触之即迅速缩为一团，体表色泽鲜艳，无伤病，个体重量在 10 克以上的成蛭作为种蛭。在农村养殖水蛭过程中，一般要求单个在 20克左右、生长健壮的水蛭（规格为每千克有 30～50 条），按 10～15 千克数量投入饲养池进行种蛭繁殖培育水蛭或直接到有关水蛭繁殖场购买苗蛭养殖，一般每亩水面可放养 5 万～6 万条（规格每条长 1～2 厘米）。种蛭每亩水面可放养 20 千克左右，水蛭总量大约 20 千克。

一般繁殖两个季节后即应将种蛭淘汰。种蛭投放前用 8～10 毫克/升浓度的漂白粉药液浸洗消毒，10～15℃ 时浸 20～30 分钟，15～20℃ 时浸 15～20 分钟。池水要先用有效浓度每立方米 0.3～0.5 克的优氯净或强氯精消毒，3 天后放入种蛭。放养时间为常年均可放养，最适宜是春、秋季放养为好。因水蛭是雌雄同体，异体交配，每条都可以产卵，所以放养密度要适宜，以每 0.067 公顷莲池投放种蛭 2000 条左右为宜。

种蛭分池一般可考虑在 7 月上旬进行，即将已繁殖的种蛭移到种蛭池中，便于分类管理，或将已繁殖两季的种蛭捞出加工出售。

8.7.3 水蛭与水生植物的循环养殖日常管理

水蛭养殖与水生植物间作，即利用水生植物茭白、莲藕、蒲草、水芹等水域中丰富的底栖动物、浮游生物以及土中腐屑微生物等自然资源，进行养殖水蛭，是一项新兴的水产业，以其独有的生态种养结合的生产新方式，收到了节饵、节水、节地的功效，具有投资少、管理方便、经济效益高等优点。

（1）蛭池建造　种植茭白、莲藕的池塘、沟渠、水田，经改造后均可作为放养池。人工建造的饲养池埂高 1.8 米、水深 0.8～1 米、宽 3 米，长度应根据饲养量而定。水生植物面积一般占整个面积的 1/3，作为水蛭栖息场所。也可人工在池底放些不规则石块或树枝供水蛭栖息。在与水面相平处设排水、进水口各一个，并用网布拦住，以防水蛭外逃。新开池还要投入一些牲畜粪水，以培养浮游生物等，调节水质和提高池底腐殖质含量。水蛭放养一般每亩水面可放养苗蛭或幼蛭 5 万～6 万条（每条长 1～2 厘米），种蛭可放 20 千克左右（30～50 条重 1 千克）。

（2）投喂饵料　水蛭食性粗放，螺类、贝类以及猪、牛、羊等动物鲜血凝块皆可用作饲料，并辅助投喂水草（水草既可作螺蛳饵源，又可净化水质）等，投饵时要注意"四定"原则。每隔 3～5 米处放一块猪血凝块等（可设食台用稀网袋吊在水中），水蛭嗅到腥味很快会聚拢过来，吸饱后自行散去，但要注意喂食后及时清除残渣，以免污染水质。同时要防止投饵过多，腐败变质。因莲藕能进行光合作用，增加池内水体的溶解氧量，净化水质，所以不会造成污染。

（3）水质管理　平时每 7～10 天换一次水，夏秋高温季节每 3～5 天换一次水，以保持池水清新，保证一定的溶解氧量。并适当注入部分井水降温（水温过低的井水必须经过一定的流程，待温度升高后才能使用），保持良好水质。为避免夏季池水温度过高，应在池边种些遮阳植物（如丝瓜等），使水温保持在 15～30℃。严防农药、化工产品污染水源，且不能用碱性太重的水源。

（4）捕蛭留种　水蛭繁殖快、再生能力强，5 月初至 9 月为其产卵期，经过 16～25 天即可孵出幼蛭。如饲养得当，每条幼蛭每月可增长 1～2 厘米。如池内营养丰富，饲养密度合适，水质好，早春放养的水蛭到 9～10 月已长成，可加工出售。为保证来年养殖水蛭种源，可选个大、生长健壮的水蛭留种到翌年生长繁殖，每平方米以 0.25～0.5 千克选留。

（5）防治疾病 水蛭生命力强，粗生易长，疾病发生少，较易管理，只要做到饲料新鲜适口，水质肥而不腐、活而不淡，确保池水清洁即可。

8.7.4 水蛭与水生植物的循环养殖的环境管理

在水中栽植水生杂草如水葫芦、水花生。水面下的水草，可增加水中的含氧量。水葫芦、水花生分解水中的有机质可以起到净化水质的作用，同时给水蛭活动提供阴藏栖息的场所。没有条件栽植水草的蛭池，可放些树枝、石块、石头等。最好能在池旁栽植树木或搭建遮阳棚。这样对水蛭生长非常有利。多放养水生植物，又以水葫芦和浮萍为主，因为水蛭怕阳光直射，它们既是田螺的饲料，又可为水蛭遮光，水蛭还可以在上面产卵。

清晨、傍晚或晚上要对养蛭池进行巡视，密切注意水蛭的活动、摄食、生长、繁殖、疾病等情况及其表现，以及检查防逃、防盗设施有否损坏，发现问题及时处理。特别是在高温季节应注重调节水质，要求水色黄褐色或淡绿色。最好能保持微流水（进行水体循环式养殖），通常一个月补充一次新水，使水体透明度常保持 30～50 厘米。夏季在池上搭荫棚防暑，冬季覆盖塑料薄膜防寒。水面养殖些水葫芦等浮水植物，池内间作水生植物等供水蛭栖息。水蛭还具有耐饥、抗病和繁殖率潜力大等优良特性，多年来，养殖者在以生态食物链为主的养殖中，结合驯化工作以及采用大棚冬季保温，延长其生长期等方法，已在水蛭养殖中取得了显著效果。做好放养时间和数量、水温、水质、换水，投饵的种类和数量、疾病防治、捕捉和销售情况等养殖日记，以便积累科学数据，总结养殖经验，不断提高养殖技术水平。

水蛭的养殖除以上几种方式外，还可以进行无土养殖，即用土和肥料按一定比例混合，然后加水达到一定的湿度，再进行水蛭的人工养殖。这种养殖方法具有省时、省力、易于管理、投资小等特点，在城市和乡村均可采用。

水蛭的养殖饲料成本很小，基本上没有成本，几个月管理一次，利用业余时间就可以养殖，养殖几百条水蛭就可获利上千元或者更多。近年来水蛭货源奇缺，价格连连上升，据专家分析水蛭货源年缺口高达 50 余吨。

8.8 水蛭的越冬管理

越冬管理是水蛭人工养殖的一个重要环节，保证蛭类的安全越冬，是获得蛭类养殖高产丰收的重要前提。秋季水蛭个体长成，将池水放完，捕捞加工出售或加工成中药材。

繁殖水蛭是雌雄同体动物，异体受精，夏季是繁殖旺期。每条水蛭每年形成孵茧 4～9 个，每个受精卵于茧内可孵化幼蛭 60～100 条。幼蛭在食物适宜时一个月内可长 15～20 毫米，3 个月内可长成成蛭。一般经过 6 个月的生长，早春放养的幼苗在 9～10 月份都可长成商品规格，可长成与成体一样大小，然后就可以捕获、加工和出售了。但在捕获时，应先将池水排干，然后用网捞捞，选择一部分个体大、生长健壮的留种，以备下一年进行繁殖。小的个体则可留池越冬，个大、生长健壮、质优的个体可作为亲蛭集中放养。一般每亩应留种 25～30 千克，将它们集中投入育种池内越冬，其余的水蛭全部加工后出售或将个体重在 15 克以上的用来加工，15 克以下的放到越冬池内越冬，明年再继续放养。越冬池中水位要高些，也可排干水越冬，可在池面上加盖稻草、秸秆，以作防冻保护并保持泥土湿润。越冬池可以以养殖育种池兼用。如当年不捕捞收获，可保持池中原有水位。水蛭冬眠期间，不需喂食，也不需特别管理。

水蛭耐寒力较强，一般不易被冻死，当气温降到 10℃以下时，水蛭停止摄食，钻入水底土中冬眠，每年 11 月份至次年 3 月份为冬眠期。水蛭冬眠前 1 个月，其食欲大增，体内积累大量营养物质以供冬眠期间消耗。

水蛭钻入潮湿疏松的泥土中越冬，也有的在池底淤泥中越冬。一旦进入越冬状态，禁止进入越冬区域搅动，防止破坏水蛭越冬环境。为防止温度偏低，冰冻达越冬层，可在平台上覆盖厚约 5 厘米的水生植物或碾碎的麦秆保暖。水面结冰，应经常破冰，以保持水中有足够的溶解氧。此外，有条件的可利用大棚、地热水、太阳能热水器保温越冬。这里值得提醒的是，水蛭必须经过1～3个月的冬眠才能产卵。次年3～4月份，气温升高后冬眠的水蛭出蛰活动。

人工养殖可在池塘四周遮盖稻草等物保暖，协助水蛭自然越冬。也可以将育种水蛭集中在塑料薄膜棚内越冬，半月投喂一次饲料，待温度稍有回升，即可交配产卵。因为南北方地域温差大，人工养殖水蛭越冬方法差异较大。在南方地区一般采用排水越冬，即将池水排干后，在池面上加盖稻草或其他农作物秸秆，用以防冻并保持泥土湿润。这种方法适用性强。北方地区一般带水越冬，即在越冬前，将越冬池水位加深，防止池水完全结冰、冻透，彻底结冰会冻伤水蛭。

养殖水蛭，可以让水蛭自然越冬，也可以保温越冬，方法有2种。

（1）自然条件下越冬　在自然条件下，当气温低于10℃以下时，水蛭通常躲在泥底下越冬，也有少数在水池淤泥中越冬。在没有采取措施的冬季，要做好冬眠前的处理工作。可将养殖池、沟的台面和四周，也就是在水蛭栖息地盖上干稻草或草帘等，让它们自然而平安地在土中冬眠。为了使其安全越冬，要加深池水，水位太浅，易结冰，会冻伤水蛭。要在池周围多放些石块、土层或草堆。

越冬之前多增加一些营养丰富的饵料，要以能量饵料为主，以增加水蛭体内的脂肪，为水蛭进入冬眠后有充足的能量做准备。一般情况下，水蛭在水温10℃以下开始停食，保存体内能量，陆续钻入土中。可在池的四周把土挖松，当温度在5℃以下时水蛭即进入冬眠状态，待翌年气温转暖后，能很快地出来活动、取食。在早春投放的种水蛭，繁殖的幼蛭此时一般都已长大，将水排干，把第二年要作种蛭的留下，集中投入育种池中越冬。

这种自然过冬法，能避免大批水蛭冻僵或死亡，也节省费用、省力，适合于大面积商品水蛭的养殖。

（2）保温越冬　有条件的可使用日光温室，打破水蛭的冬眠习性，使水蛭在冬季也能持续生长繁殖，从而达到周年生长繁殖，增加经济效益。

　　保温越冬可以利用大棚、地热水、太阳能热水器等保温、增温。进入10月份以后，气温降至20℃以下时，即可移入塑料大棚内越冬。水蛭在棚内到12月份才停止生长，早春3月份即正常生长，有利于促进水蛭早繁育、多产卵。

　　一般温室水蛭投种密度增大，每平方米可投放宽体金线蛭种蛭50～100条、幼蛭300～500条，茶色蛭种蛭70～120条、幼蛭400～500条，日本医蛭300～500条、幼蛭500～800条。密度增大后，应注意投喂足量的饲料，并注意水质变化，及时加注更换新水，当水温超过32℃以上时，要开启温室通风设施换气降温。在进入寒冬季节时，要关闭温室通风口，保持池水温度不低于10℃以下。

　　受地域影响，北方水蛭养殖应建立人工条件下的日光越冬温室，以打破其冬眠习性，增加养殖时间，缩短上市周期。日光温室一般为竹木塑苫结构，北部墙体为土筑或砖混，厚0.8～1.5米，东西向，长30～50米不等，南北跨度10～15米，主柱数量5～7排。上覆无滴塑膜及可卷放的稻草苫，留出门、通道及风口。

　　把种蛭放在塑料薄膜棚内越冬。在池、沟的上方用竹子或钢筋建成"人"字形顶棚，高度不宜过高，上面盖两层塑料薄膜与池边连接成一密封的保温罩，利用充足的阳光保温。注意四周用泥将薄膜压住，薄膜上再盖一层疏网以防大风把薄膜吹翻。一般每平方米放养50～100条水蛭，当外界气温低时，将薄膜密封，并盖一层草帘保温。天晴时掀开四周一部分薄膜通气。在适温阶段投喂足量饲料，15天喂食1次。及时加注新水改善水质。温度超过32℃时，开启大棚换气调节温度。在有地热水的地方开热水井，用保温管道将热水引入水蛭越冬池。越冬池面积通常在3亩以上，水深保持1米左右。有条件的可以采用大容量太阳能热水器供热水，用塑料大棚保温。这样能保持一定的温度，便于留种水蛭生长和活动，温度适宜时即可交配、产卵茧。

　　在严寒雪封季节，还应做好除雪和人工增温措施。较高级的温室可用塑钢无立柱方式，只是造价相对要高一些。通过建造日光温室，有计划地捕大留小，集中越冬，期间日常管理应密切注意温室内外温度变化及增氧防风、抗寒等，以保障水蛭的正常生长、越冬和为次年准备足够的蛭种。

与蚯蚓相比，由于水蛭前吸盘的挖掘能力比蚯蚓的口前叶差，身体又相对扁宽，导致水蛭越冬时的洞穴相对较浅（10～20厘米），或在枯草之下越冬，很易因寒冷而受冻死亡，这是造成越冬后水蛭大量减少的主要原因之一。所以越冬过程中应加强保温措施，适量增加池水量，提高水位，在池边潮湿土壤带覆盖草苫或秸秆等。

水蛭的天敌主要有田鼠、鱼类、蛙类、蛇类、水鸟等。水蛭冬季越冬时，可采用做电网防除和诱捕。

第9章

水蛭饵料的人工培育

9.1 水蛭对饵料的要求

水蛭同其他动物一样，其生长发育需要蛋白质、脂肪、糖类、无机盐和维生素等五大类营养物质。水蛭在不同的发育阶段和不同的环境中，对营养物质的需要量也不尽相同，如能正确掌握各类营养物质的作用，合理利用饵料，对促进水蛭的健康生长和提高产量具有重要意义。

9.1.1 水蛭饵料的要素

（1）蛋白质 蛋白质是构成水蛭体内各器官组织细胞的主要成分。水蛭的各种色素、抗体、激素、酶类等也是由蛋白质组成的。蛋白质的组织成分是氨基酸，主要功能是培养新组织，如生长、发育、繁殖等；维持体内各机体之间的平衡，如排泄等；调节细胞和体液，如调节体液的酸碱度、生成生长和消化激素等；产生能量，每克蛋白质大约产生 16.7 千焦热量。因此，蛋白质缺乏就会影响蛭体生长。水蛭对蛋白质的需求量较高，饥饿时将会用蛋白质作为主要能量物质来维持生命。幼年期水蛭对蛋白质的需求量为饵料总量的 30％左右。随着个体的长大，所需蛋白质占蛭料的总量也在逐渐增加。繁殖期的水蛭蛋白质需要量达 80％左右。

（2）脂肪 脂肪虽然在水蛭体内含量不多，但也广泛分布于水蛭体内各组织中。尤其在繁殖期和冬眠期，水蛭就是靠贮存在脂肪组织中的脂肪维持生理需要。脂肪在分解、转化和吸收利用的过程中，可形成激素和其他内分泌腺所分泌的各种物质。因此，脂肪是水蛭生长与繁殖必不可少的营养成分。由于水蛭能将糖类转化为脂肪，且一般饵料中都含有一定量的脂肪成分，故水蛭的脂肪营养需求是不难满足的。

（3）糖类　糖类是淀粉、糖和纤维素等的总称，是蛭体热能的主要来源。糖类的作用是用于满足水蛭组织细胞对能量的直接需要，转化成糖原并贮存在肝脏和身体组织中，为以后的能量需要做好准备，最后转变成脂肪，作为较大能量的储备。

（4）维生素　维生素是维持水蛭正常生理功能所必不可少的营养成分，它是组成辅酶或辅基的基本成分。水蛭体内如缺乏维生素，便会导致酶的活性失调，新陈代谢紊乱而出现病症。如长期缺乏维生素A，就可能发生水蛭表皮的病变；长期缺乏维生素E，就可能发生肌肉萎缩、爬行缓慢、无力等症状；长期缺乏维生素D，就可能影响钙、磷的正常代谢等。

（5）无机盐　无机盐主要包括钙、磷、钠、硫、氯、镁等元素，是组成蛭体组织和维持正常生理功能所不可缺少的营养物质，也是酶系统的重要催化剂。它可以提高水蛭对营养物质的利用率，促进其生长发育。缺乏无机盐类就会出现疾病。

水蛭耐饥能力极强，吸一次血能生活半年以上。饲养水蛭，可一次性投放饵料，如各种螺类、贝类、蚯蚓、草虾等。每亩投放量20～30千克，不宜投放过多，以防池内供氧不足和与水蛭争夺空间。池内还可以投放一些萍类或水草植物，既可作螺、贝、草虾的饲料，又可为水蛭提供活动或栖息场所。新开池要投放一些畜粪以培养浮游生物、调节水质和增加水底面腐殖质。如观察到多数水蛭在水中游动不止，说明池内饵料不足，可用各种动物血拌些草粉投放下去，或投放螺、贝、虾等以补充饲料。

人工养蛭在投喂饵料时，首先要考虑到满足它维持生命的需要超过部分才能长肉。水蛭食性较杂，一般的小动物、昆虫、蚯蚓、青蛙、螺、河蚌、草虾的血及鱼等都可为水蛭的捕食对象。水蛭的饲料主要有福寿螺、田螺、蚯蚓及水中的浮游生物、小昆虫等。投放种蛭前，先在水中一次性每亩放养本地田螺150千克，让其自然繁殖。平时投放田螺时，应以浮上水面的田螺外壳的数量控制投放量。投放田螺前做到仔细清洗，不然有害的小鱼、龙虾卵等会带入养殖池中。同时，每月投喂一次禽畜鲜血块，可以加速水蛭的生长发育。

天然饵料种类以淡水螺类、蚌类、蚯蚓及部分昆虫为主，蚌类繁殖量大，而且生长快，当年可达 10～13 厘米。蚌类的（虫勾）介幼虫天然的寄主是鳑鲏鱼，同时鳑鲏鱼也繁殖小个体，若不及时捕出部分，会影响水质和争夺饵料，一般在（钩）介幼虫完全脱离鱼体后，尽量全部捕出所放的鳑鲏鱼。若只放入单性鱼，则可少捕，捕出时间应在加深池水淹没产床之前进行。

螺、蚬、蚌、动物血等动物性饵料营养全面，尤其是蛋白质量多质优，营养价值较高。但要注意饵料的新鲜度，应以活体动物饵料为主，可有效控制水质变化以及蛭病发生。饵料的营养价值越高，饵料系数越低，生产效能越大，反之饵料系数则大。但是，养殖水蛭效果往往不单纯取决于饵料的营养，还受水蛭的种类、规格、密度等情况和水蛭池的生态环境条件等影响，收效率有所不同。如饲养金线蛭，它的产量、饵料效率和经济价值就明显高于其他品种。

水蛭以肉食性饲料为主，其中以廉价的螺蛳养殖效果最好。每亩水面可一次性投放 20～30 千克活螺，让其自然繁殖供水蛭捕食，食后将空浮螺壳捞出。建议有条件的地方除在养殖池投放个体大、繁殖力强的螺蛳外，还应利用闲余水面自己培养螺蛳，或廉价收购螺蛳、河蚌。若螺蛳的饲料不足，可用畜禽血拌饲料、草粉等投喂。只要饲料充足，水蛭的生长速度十分明显。

水蛭除了天然食物为水中的浮游生物、小昆虫、田螺、河蚌、动物血块、泥土的腐殖质等，还主要吸食螺类、鱼、青蛙、禽畜等动物的血液。饲料不足时，可用鸭血、鸡血、猪血等动物血拌豆饼、麸皮、草粉等进行投喂，也可用绞碎的动物下水以及鱼、虾、蚯蚓等投喂，对水蛭生长有显著作用。血块不能直接投入水中，可放在泡沫板或木板上。投喂宜在夜间进行，每 7 天最好喂 1 次动物的新鲜血块（不应含盐），为不影响水质可将血块漂浮于木块上，让水蛭爬上木块自行取食。水蛭嗅到腥味后，很快聚拢过来，吸饱后自行散去。水蛭怕强光，夜间活动频繁，因此，傍晚投喂最好。喂量可按水蛭体重的 2％～5％放在投料台上，以第二天早上不剩饲料为宜。但血块不超过两天就得捞出。要注意及时清除残饵，以免污染水质。

如投喂人工饲料应拌有各种动物的血、米、糠等。血块及其腥味，对水蛭并非是唯一的敏感饵料或营养剂。当水蛭处于饥饿状态时，凡可食之饵都会贪婪地食之。同时，血块未经特殊处理有污染水质的消极面，成本也较高。

野生水蛭食物有限，且活动量大，从幼蛭到成蛭一般需 4～5 年，而人工养殖饵料充足，生活环境优良，水蛭在水中饱食、安闲，从幼蛭到成蛭只需 2～3 年。

此外，水蛭是变温动物，其摄食强度、饵料利用率与水温、溶解氧量以及酸碱度关系密切。水温在 18℃以下就逐步钻入泥中，13℃以下全部钻入泥中越冬。春季水温上升到 18℃以上开始活动，摄食最旺盛为 25～30℃，当水温达到 32℃以上时食欲开始降低，因此在投喂螺、蚬、蚌等动物饵料时应灵活掌握投饵数量，以便提高饵料的利用率，取得较高的饵料效率和经济效益。

9.1.2 水蛭饵料的类型

水蛭在不同的生长时期对食物的要求也是不同的，不同的食物对它们的生长发育有着"助长"或"抑制"的作用。在人工饲养环境中，要随时观察水蛭的吸食变化情况，需要注意以下几点：所投食物有没有吸引作用，对水蛭的生长发育有没有促进作用，是否存在有毒物质造成水蛭死亡或抑制其活动，是否因食物不洁而出现霉菌等。如果发现具上述现象之一，就要对食物进行检查分析，以选择最佳食物喂养水蛭。这是因为在人工饲养环境中，水蛭的饵料全靠人工给予调剂，不同于水蛭在自然环境中可以自由选择食物。

（1）水蛭的天然饵料　一般来讲，天然饵料是指在自然界中可以获得的食物，并且主要是一些活体食物，如河蚌、田螺、蚯蚓、水蚤以及昆虫的幼虫等。

（2）水蛭的人工饵料　在天然饵料不足时，可以适当地投喂一些人工饵料，如蛋黄、豆浆渣、畜禽饲料等。

（3）水蛭（日本医蛭、菲牛蛭吸血类）的其他饵料　每周投喂动物鲜血凝块1～2次。若血液饲料不是很充足，可以15天饲喂1次。喂食血液饵料时必须注意以下几点。

① 饲喂水蛭的血液必须是新鲜的。最好的办法就是养殖者亲自操作取血或者通过可靠的渠道得到新鲜的血液。

② 水蛭不能一次进食很多血液，如果让水蛭自由取食，每次可以吸食自身体重12倍以上的血液饲料，这样极易造成肠道感染和消化不良，很容易导致水蛭死亡。

③ 新鲜的血液应该均匀地摊涂到棉质纸箱的一面，每隔5米左右放长、宽均为30厘米的纸板，血块一般不超过黄豆大小，每块纸板以放30～40克的血凝块为宜。一般来说，水蛭最多把这样的血块吸食完了自然就会离开。

9.2　饵料的采集与生产

水蛭主要吃水草、水中微生物、动物幼体、螺蛳、蚌类、蚯蚓及昆虫的幼虫、腐殖质、各种畜禽新鲜血凝块等。幼蛭主要食水生小动物，因此可捕捞鱼虾和蚯蚓进行投喂。随着生长，可用猪血拌豆饼、麸皮、草粉等进行投喂，养殖过程中，为促进其生长发育，也可用绞碎的动物下水以及鱼、虾、蚯蚓等投喂。

采集天然饵料应该包括两部分，一部分是直接供水蛭吸食的饵料，如蛙类、螺类等；另一部分是供应作为水蛭饵料动物的饵料，如蛙类需要的昆虫、螺类需要的水生生物等，也可以叫做间接饵料。

9.2.1　水蛭直接饵料的采集

（1）蛙类的采集　一般采用人工捕捉的办法。白天可用垂钓的方法，即用昆虫（如蝗虫）作诱饵，当蛙吞住诱饵后，迅速钓入纱网内。注意最好用活诱饵，用垂线直接系上即可。垂钓时要不时晃动诱饵，使蛙自由取食而被捕捉。捕捉后要及时将蛙放入水蛭养殖场所。晚上可用手电照射蛙，蛙在光的直射下不会动，可用手捕捉。

（2）螺类的捕捞　选择螺类比较集中的水库、河流、湖泊等淡水流域，直接用网捕捞到螺类后放入水蛭养殖场所。

（3）水蚯蚓的捕捞　水蚯蚓多分布于污泥等肥沃水域中，常成片状分布。采集时将淤泥、水蚯蚓一起装入网中，然后用水洗净淤泥，取出水蚯蚓投放入水蛭养殖场所。

9.2.2　水蛭间接饵料的采集

水蛭的间接饵料是供水蛭直接饵料动物采食的饵料，主要包括供蛙类食用的昆虫，供螺类、水蚯蚓等食用的水生生物以及腐殖质等。

（1）昆虫饵料的采集　自然界中昆虫分布极为广泛，种类繁多，是蛭类的最佳饵料，其采收方法有以下几种。

① 手工捕捉　人工捕捉田地里的各种害虫，如黏虫、地老虎、棉铃虫、造桥虫、豆天蛾、菜青虫等，用来饲喂蛙类，可以变害为利。

② 纱网捕捉　主要捕捉能飞、善跳的昆虫。采集时手持纱网，在田地里或草丛中左右扫动，边走边扫，再将收集到的昆虫用水泡湿，以防逃跑，然后再直接投放到水蛭养殖场所，供蛙类食用。

（2）蜗牛的采集　蜗牛常分布于阴暗潮湿的树丛、落叶、石块下，晚上或雨后出来活动，可直接捕捉，或堆放杂草、树叶诱捕后，投入水蛭养殖场所。

（3）蚯蚓的采集　可直接在潮湿土壤中或有机质丰富的场所挖取，也可用腐烂潮湿的杂草或牲畜粪便诱集，还可用大水驱出后捕捉投入水蛭养殖场所。

（4）水蚤的捕捞　水蚤广泛分布于淡水河流中，可在傍晚或黎明时捕捞，然后投入水蛭养殖场所。

（5）小鱼虾的捕捞　自然水域中常有大量的小鱼虾，可用渔网捕捞后投入水蛭养殖场所。

9.2.3　水蛭直接饵料的生产

水蛭的直接饵料以鲜血加工成的血粉为主，要注意血粉中不要加盐，包括鲜血加工成血粉之前也不能加盐。一般水蛭直接饵料中血粉的占有量不同生长期是不相同的，但水蛭在饲养过程中由于没有分池饲养，因此很难生产出不同生长期的不同饵料。共同的全部饵料中血粉占80%，其他动植物蛋白质饵料占10%，能量饵料占7%，青绿多汁饵料占3%。如果发现水蛭有病症，可随时在配制的饵料中增加药物。为了增加适口性，在生产的直接饵料中可适当增加一些添加剂和微量元素等，使水蛭即使只采食加工生产的直接饵料也能健康地生长、发育和繁衍后代。

9.2.4 水蛭间接饵料的生产

随着水蛭养殖业的日益发展和养殖方式的集约化，科学合理地使用饲料、繁殖饲料，不仅能满足水蛭的生长发育需要，还能提高水蛭的防病、抗病能力。目前，养殖水蛭的主要食物有水中浮游生物、小昆虫、动物血及蚯蚓、螺类等。但是在人工养殖条件下，选择螺类、蚯蚓养殖是水蛭饵料的主要来源。在这里主要介绍田螺和蚯蚓的人工养殖。

(1) 田螺　在人工饲养条件下，可以投喂各种人工饲料。苦草、水花生、浮萍、凤眼莲、青菜叶、瓜叶、果皮、油菜以及死鱼、死虾，各种饼、糠类、谷物等均可为食，但有一定的选择性。一般为幼稚螺喜食浮萍，成螺喜食商品饲料。若较长时间投喂一种饲料而突然改变饲料类型后，会出现短期绝食现象。在饥饿状态下，甚至会出现弱肉强食现象。田螺的摄食活动在夜晚更旺盛。摄食时，先用触角试探，如食物小，便把食物一口吞进去，较大的饲料则用齿舌刮食。田螺不仅食性广，食量也大，据观察，体重10克的成螺一天可食青萍10～15克。

田螺的摄食强度较大，但受季节影响也较严重，水温较高的夏秋季摄食旺盛，水温较低的冬春季摄食强度较弱，深冬季休眠。

(2) 蚯蚓　蚯蚓的食物主要是无毒、酸碱适度、盐度不高，经微生物分解发酵的有机物。粪便、酒精、糖渣、废纸浆、木屑纸屑，各种枯枝落叶、厨房废弃物及活性污染物等都是蚯蚓的食物。蚯蚓喜食发酵后的畜粪、堆肥等含蛋白质、糖源丰富的饲料和腐烂的瓜果、香蕉皮等酸甜食料。对甜腥味特别敏感，养殖时加入烂水果、洗鱼水、鱼内脏等能增进蚯蚓的食欲和食量。

水蛭间接饵料的生产应根据水蛭养殖场所中直接天然饵料的不同而有所侧重。如直接天然饵料以蛙类为主，则间接饵料应侧重生产蛙类的饵料；如直接天然饵料以螺类为主，则间接饵料应侧重生产螺类的饵料；如果几种直接天然饵料同时具备，则应分别加工，分别投入，使它们都能够健康地、顺利地生长和繁殖，为水蛭提供源源不断的直接天然饵料。

食物链匹配得越合理，水质也越清新，溶解氧也越充足，浮游及底栖动物等的生长也越快，水蛭的放养密度也就能提高。根据生产实际经验，亩水面投种苗 50～80 千克，食物链完全能保持良性循环平衡。

水蛭的食性很广，促进水蛭生长繁殖的主体是养殖池中的水生生物及其食物链，如螺蚌贝及其幼体等底栖软体动物、鱼虫水蚤等生物、水生菌丝体藻类以及营养丰富的腐殖质等。水蛭与各水生生物之间均互依共存，只要做好前期工作，再经常投以经人工充分发酵的动物粪便，加上取之不尽的阳光、空气和水，就能获得食物的良性循环，这样既成本低，效果好，又能优化生态环境，这比机械地规定每隔多少天换多少水等要主动、方便、科学得多。

一般作为人工养殖水蛭的食物应遵循以下三个原则：一是水蛭喜欢吃，而且营养全面，能促进其生长发育的食物；二是投入水蛭池中能较长时间地与水蛭生活在一起，又不污染水质；三是来源丰富，价格低廉，便于人工培育，并能大量供应。

9.3　蚯蚓的培育

蚯蚓属于环节动物门、寡毛纲，常见的陆生蚯蚓属于孔寡毛目。蚯蚓是养殖水蛭的优质蛋白饲料，它还能处理有机废物，消除环境污染，改良土壤，也是一味传统药材，中药称为地龙。

9.3.1　蚯蚓的特征特性

（1）外部形态　蚯蚓的主要特征是外部分节，并有相应的内部分节。它们无骨骼，外被薄而有色素的几丁质层，除前两节外，其余体节均有刚毛。蚯蚓的形态为细长圆柱形，头尾稍尖，长短粗细随种类不同而变化很大。蚯蚓的体型特征为体长 35～130 毫米、体宽 3～5 毫米，体节 80～110 个。体色一般为紫色、红色或淡红褐色，背部色素较少，节间有黄褐色交替带。

（2）内部器官　蚯蚓的内部器官都在体腔内，被很多横的隔膜隔开，分成体节。其消化系统由口腔、咽、食道、嗉囊、砂囊、胃、小肠、盲肠、直肠、肛门构成。循环系统是封闭管式的。蚯蚓没有特殊的呼吸器官，主要由皮肤进行气体交换。由许多肾管组成排泄系统。神经系统由中枢神经系统和外周神经系统组成。蚯蚓雌雄同体，但大多异体受精。

9.3.2　蚯蚓适应的生活环境

（1）温度　通常蚯蚓在 5～30℃范围内活动，生长繁殖最适温度为 20℃左右，28～30℃时能维持一定的生长，32℃以上停止生长。10℃以下活动迟钝，5℃以下时休眠，明显萎缩，0℃以下、40℃以上导致死亡。不同种类的蚯蚓最高致死温度不同：环毛蚓为37.0～37.5℃，赤子爱胜蚓、威廉环毛蚓、天锡杜拉蚓为 39～40℃。因此，夏季高温时，必须采取降温措施。为了加快繁殖，把蚯蚓的冬眠变为冬繁，冬季需建立暖棚温室，在适宜条件下，蚯蚓可以一年四季产卵繁殖。据测定，8.5～35℃赤子爱胜蚓每月均可产卵茧，20～25℃是产卵和孵化的最佳温度。

（2）湿度　蚯蚓对干旱环境有一定的抵抗力，主要是迅速转移到较湿的环境中去，或通过休眠、滞育降低新陈代谢，减少水分消耗。土壤水分增加到 8%～10%时，便开始活动，10%～17%适于蚯蚓生活。不同种类的蚯蚓对不同生活环境的湿度要求也有差异，如赤子爱胜蚓最适土壤湿度为 20%～30%，在发酵的马粪中适宜含水量则为 60%～70%。当温度在 19～24℃、饲料湿度为 60%～66%时，产蚓茧量和蚓茧孵化最佳。湿度过高或过低，以及湿度过大或过小，都影响赤子爱胜蚓生长和繁殖。

（3）光照　蚯蚓没有明显的眼，只是在表皮和前叶有类似晶体结构的感觉细胞。蚯蚓怕阳光、强烈灯光、蓝光和紫外线照射，但不怕红光，所以常在清晨、傍晚出来活动。

（4）气体 蚯蚓需要吸收氧气排出二氧化碳，大雨过后，许多蚯蚓在路上爬行，就是因为栖息场所缺氧。通常蚯蚓对土壤中二氧化碳耐受的极限为 $0.01\% \sim 11.5\%$，超过极限就迁移逃避。有些气体对蚯蚓有害，如一氧化碳、氯气、氨气、二氧化硫等。以煤为燃料取暖时漏烟，会引起蚯蚓大量死亡。

不同蚯蚓的食量也有差异，性成熟的蚯蚓每天摄食量为自身体重的 $10\% \sim 20\%$，性成熟的赤子爱胜蚓每天摄食量为体重的 29%。

9.3.3 蚯蚓的生长繁殖习性

（1）生长规律 蚯蚓大多进行异体受精，少数本体受精，也能不经受精而行孤雌生殖。受精卵和孤雌生殖的未受精卵排入蚓茧进行发育。卵多为圆球形、椭圆形或梨形。蚯蚓茧发育即胚胎发育所需时间，每个蚓茧孵出幼蚓数，常随蚯蚓种类、孵化温湿度及饲育床的生态因子而异。一般赤子爱胜蚓孵化时间需 $2 \sim 11$ 周，每个蚓茧孵出 $1 \sim 7$ 条幼蚓。随着蚯蚓生长体重逐渐增加，环带出现，标志着性成熟，环带消失则标志着衰老开始。蚯蚓生长发育时间长短因种类而异。在相同条件下，赤子爱胜蚓、红色爱胜蚓、背暗异唇蚓的生长期为 55 周，红正蚓为 37 周。秋季、夏季孵出的幼蚓到第三年春季才性成熟。而春季孵出的幼蚓，$8 \sim 9$ 月份就十分丰满，翌年春季性成熟。所以，农田养殖时要尽量选好蚓茧孵化时节，以缩短养殖周期，获得更高的产量。

（2）繁殖特点 蚯蚓可进行有性生殖、无性生殖，排出含一枚或多枚卵细胞的蚓茧，这是蚯蚓繁育的特有方式。蚓茧大小与蚯蚓个体大小成正比例关系。不同种蚯蚓所产的每个蚓茧所含的卵量也不同。赤子爱胜蚓每茧含 $1 \sim 20$ 个卵。

蚯蚓性成熟后即可交配，多为异体受精方式。交配时两条蚯蚓前后颠倒，腹面相贴，一条蚯蚓的环带区对着另一条的受精囊孔区，环带前端与另一条雄孔区正相对应。交配过程需 $2 \sim 3$ 小时。在自然条件下，赤子爱胜蚓多在夏季和秋季夜晚，在含有丰富有机质的堆肥处交配。人工养殖一年四季均可交配繁殖。

蚯蚓寿命长短因种类与环境而异。赤子爱胜蚓在人工饲养条件下寿命约为15年，从卵子发生受精后7～10天生产蚓茧，14～21天孵出幼蚓，3～4个月后性成熟，1年后完全成熟。环带消失后为衰老期，体重逐渐下降。

9.3.4 蚯蚓的人工养殖技术

(1) 箱养法　用柳条筐、竹筐、废包装箱。也可加工养殖箱，规格为长40～60厘米、宽30～40厘米、高15～35厘米。箱底、箱侧有排水排气孔，两端安把手。箱内饲养厚度要适当，根据季节和温湿度调整，冬季适当增厚。若养殖规模扩大，可将箱子重叠起来。蚯蚓养殖密度一般为单层每平方米4000～9000条。

(2) 棚养法　与种蔬菜花卉的塑料大棚相似。一个长30米、宽7.6米、高2.3米的大棚，中间留出1.45米宽的通道，两侧为养殖床。整个棚的有效面积为126平方米，可养二三百条赤子爱胜蚓。养殖床宽2.1米，床面为5厘米高的拱形，四周用单砖砌成围墙，两侧设排水沟。夏季炎热棚温超过30℃时，改用蓝色薄膜，加盖草帘或将边缘撩起1米高通风降温，并在养殖床上覆盖潮湿草帘。冬季采取保温增温措施。

(3) 农田养殖法　可将室内养殖和室外养殖结合起来。秋末和冬季在室内，春夏秋移至室外。方法是在园林或农田挖宽35～40厘米、深15～20厘米的行间沟，填入粪便和生活垃圾，上边盖土，沟内保持潮湿，但不能积水。这种方式养殖，各种农田、园林、桑林都可采取，但不适合于落叶含芳香油脂或鞣酸的松枞、橡、杉桉等林中。

(4) 堆肥养殖　土畦堆好后，使水沟中的水保持在0.6～1米，水的深度不宜太深。每平方米土畦投放种2～3千克，并在畦面铺4～5厘米厚经过发酵的牲畜粪，作为蚯蚓饵料。以后每隔3～5天将上层牲畜粪铲去，重新铺一层。如此反复，经15天左右，蚯蚓大量繁殖，即可投放蛭种。培养蚯蚓可为水蛭提供春、夏、秋季的大部分饵料。此外，还有山洞养殖、窑洞养殖、池沟养殖等许多方法，这里不一一介绍。

（5）饲养基料的制备　关键是对蚯蚓爱吃的食料必须充分腐熟发酵，使之细、软、烂，适口性好。发酵前把秸秆、杂草树叶铡短粉碎，蔬菜、瓜果、畜禽下脚料切剁成小块，生活垃圾要拣去碎砖瓦砾、橡胶塑料、金属、玻璃等物，具体堆积发酵方法是草40%、粪60%的比例。草层厚6～9厘米，粪层厚3～6厘米。草和粪交替铺放3～5层后，在堆面浇水至料堆渗水为止。然后重复铺3～5层，再浇水，至堆高1米左右为止。太高不易翻堆，且空气流通不好，温暖季节第二天温度逐渐上升，7天后分解发酵。发酵高潮后逐渐降温，降到50℃左右时进行第一次翻堆，翻堆时把四周和表层集中放在堆中间，半个月后第二次翻堆，使堆料全部腐熟。第二次翻堆后，隔5天、3天、2天再翻堆3～6次即可使用。

（6）饲料投喂方法　蚯蚓的饲养方法简单，饲料容易获得。可有混合、开沟、分层等投喂方法。

混合投喂是把饲料和土壤混合在一起投喂，适合农田养殖，春耕结合施底肥、初夏结合追肥、秋季结合秋饼施肥时投喂。开沟投喂一般是在中耕松土施肥时投喂。分层投喂可先在饲养箱、饲养床上放10～30厘米基料，再从一侧去掉3～6厘米基料。在去掉基料的地方放入松软的菜园土，把蚯蚓放在土上洒水，蚯蚓很快钻入松软的土中。如基料良好，蚯蚓会很快出现在基料中；如基料不适合要求，则蚯蚓觅食时才钻入基料，有菜园土缓冲可避免损失。基料消耗后加喂料时也可用团状定点投喂、隔行条状投喂。上层投喂是把饲料投入在养殖环境表面。当观察到养殖床表面粪化后，即在土面投一层5～10厘米的新饲料，让其在新饲料层中取食、栖息、活动。为避免蚓茧埋于深处，可在投料前排除蚓粪。

饲料基料按碎杂草40%、畜禽粪60%堆积发酵，腐熟后堆成高50厘米、宽1～1.5米、长度不限的饵料堆，饵料堆温度控制在20～30℃、湿度60%左右，上面盖一层10厘米厚的稻草或杂草，保持草层的湿度，使饵料堆水分蒸发缓慢。投种时可将种蚯蚓放在湿草层以下、料堆上面，让其自行钻入料堆，半小时不能钻入的，说明体质弱或有病，应拾出，每平方米土（深30厘米）放种4000

条左右。春季放种，9～10月可以收获。原饵料堆的饵料被吃完后，可在原饵料堆边上靠着原饵料再堆一个新饵料堆，蚯蚓慢慢就会转移到新饵料堆中。

此外还有料块穴投法、下层投喂法等。

（7）蚯蚓管理　刚孵出的幼蚓，呈丝状，幼嫩，生长发育极快，要特别注意管理。要投喂疏松细软、腐熟、营养丰富的饲料，制成条状或块状投喂。尽量避免闷气，采用薄层饲料喂养。施水时不宜泼洒，要喷雾，每天喷2～3次，不能有积水。温度控制在20～35℃，注意预防天敌和有害物质。

（8）蚓茧孵化管理　蚓茧在蚓粪和剩料中，可将蚓粪和剩料聚集起来，放在废水箱或其他容器中孵化。孵化温度特别重要，赤子爱胜蚓10℃时65天孵出，15℃时31天孵出，孵化率为92％，平均每个蚓茧孵出幼蚓5.8条。温度32℃时仅11天即可孵出，不过孵化率仅为45％，平均每个蚓茧孵出幼蚓2.2条。最适温度为20℃左右，幼蚓孵出后应立即转移到25～33℃条件下饲养，并供给丰富饲料，这时幼蚓生长发育较快。

（9）防逃　如温湿度适宜、饲料充足、空气通畅、无强光、无有害物质、无噪声、无水分过多，蚯蚓是不会逃的，除非食物不适宜、养殖密度过高才会逃逸。养殖密度与养殖目的、环境条件等有关。赤子爱胜蚓每平方米1日龄可养4万条，1～1.5个月龄2万条，1.5个月龄至成蚓1万条左右，如果要收获成蚓以1万条为宜。

（10）越冬保种　北方可利用温室、暖棚、菜窖、防空洞，也可在室内保温越冬。冬季养殖条件适宜，蚯蚓可照常生长发育、产茧繁殖。

9.3.5　蚯蚓采收

蚯蚓是优质蛋白质饲料，蚓粪是极佳的肥料，所以要随时采集蚯蚓和蚓粪。从蚓茧孵化到成蚓性成熟需4个月左右，当蚯蚓环带明显、生长缓慢、饲料利用率降低后便可采收。此外，蚯蚓还有成蚓、幼蚓不愿一起生活的习性。在幼蚓大量孵出后，成蚓便自动到其他料层或逃出。所以发现大量幼蚓孵出需立即采收成蚓。

采收时，在网具中放入蚯蚓爱吃的饲料，如厨房下脚料等，把网具埋入养殖床中，引诱蚯蚓集中后取出，达到蚯蚓与蚓粪分离的目的。网眼以 2～3 毫米最为适宜。若将这种装置埋设于养殖床中，20℃经 7 天，该容器中蚯蚓就占了绝大多数，出现几乎装满容器的状况。筛下的蚓粪、蚓茧移入养殖床孵化，生长发育。

9.4 田螺的培育

9.4.1 田螺的生物学特性

（1）形态特征 田螺体多呈黄褐色或淡绿色，个体大，螺壳右旋，螺层一般为 4～6 层，壳质薄脆易破。螺口为卵圆形，口唇薄锐，覆有角质甲保护。

田螺头部与腹足能伸出壳外游动觅食，头部具有长短各 1 对触须，眼点在其短触角上，幼螺体呈灰白色，小螺为金黄色，成螺雌雄异体，阴茎和阴茎鞘在外套膜右侧。

（2）生活习性 田螺喜生活在清新洁净水体中，常集群栖在水域边浅水处，或在水中吸附在水生植物的根、茎、叶上，也能短时间离开水域生活。其运动方式有两种，一是依靠腹足在池底或附着物上爬行；二是吸气飘浮于水面后，靠腹足在水面做缓慢的游动，故对其摄食带来很大方便。

田螺的活动能力与其栖息水域的水温和水质状况关系密切。水质清新则活力较强，多浮于水面，反之则活力下降。因田螺原产于南美洲，喜热怕冷是其主要特点，其生活水温为 16～38℃，最适水温为 20～30℃，水温 28℃左右时，活动能力最强，生长最快，夏季水温高达 34℃也能正常生活。但当水温下降到 12℃以下时，活动能力明显下降，8℃以下便停止活动，进入冬眠状态。田螺要求的水质主要包括溶解氧量和酸碱度。水中溶解氧量高，则生长快。水体溶解氧量达每升 5 毫克时生长正常，低于每升 3.5 毫克则摄食减弱，降至每升 1 毫克时引起死亡。田螺对水体酸碱度的要求是 pH 为 6～9，最好接近 7，过酸或过碱都会引起死亡。

田螺性畏光，故白天活动少、晚间活动多，一般日落即到水面摄食。其感觉较灵敏，当遇有敌害时，便下沉水底。

（3）**食性特点**　田螺为杂食性贝类，其摄食器官是口器，呈吻状，可伸缩，口内有角质齿，能够咬碎食物。因此，其食性很广。其食性具体可参见 9.2.4（1）相关内容。

（4）**生长发育特性**　田螺的生长速度较快，并与其所处的环境条件、饲料投喂、不同的生长阶段及性别有关。水温较高、水质较好、饲料充足则生长速度快；反之则摄食能力下降，生长减慢。幼螺阶段的生长速度较快，体重达 100 克左右时生长速度相当慢。雌螺的生长速度稍快于雄螺。人工养殖时，在水温适宜，水质好，饲料量足、质优的情况下，刚孵出的幼螺饲养 1 个月个体重可达 25 克左右，饲养 2 个月可达 50 克左右。

（5）**繁殖习性**　田螺繁殖力强，在良好的饲养条件下，一般饲养至 3～4 月龄就达性成熟，雌、雄螺开始交配产卵。雌螺的产卵行为并不在水中进行，而是爬到离水面 15 厘米以上的池边干燥处、附着物以及水生植物的茎叶上产卵，并将卵块黏附在上面。田螺的产卵活动一般在晚上进行。一只成熟的雌螺，一般每隔 5～10 天产一卵块，卵块为粉红色，内含 500～2000 个卵粒。每次产卵时间为 20～90 分钟，产卵完成后，缩回腹足，回落水中。气温在 28～34℃、湿度为 68%～75% 时，经 4～7 天便孵出仔螺，刚破膜的仔螺即能爬行运动，跌落入水后群集在池边浅水处，或爬到离水面 2～3 厘米处的潮湿地、水生植物上，以逐渐适应水中生活。

9.4.2　田螺的繁殖技术

（1）**田螺的选择与运输**　田螺应选择 4 月龄以上、体重超过 30 克、螺壳完整无损的个体，以保证产卵率和孵化率。选择时还应注意雌雄螺个体的比例，一般以 4∶1 较为适宜。

田螺为雌雄异体、体内受精。雌雄螺在外形上的区别主要是，同龄个体，雌螺较大，雄螺较小；雌螺短而粗，雄螺较细长；雌螺壳口薄，外唇尖锐，甲周缘平展，雄螺壳口增厚，外唇向外反翘，甲外缘中部隆起，上下缘向软体部陷入。当螺体为 3～4 厘米，螺壳呈透明状态时，雄螺第一螺层中部右侧有一淡红色点为精巢，而雌螺没有。

因田螺螺壳较薄，易被压碎而致死。因此，如需运输时应小心操作。一般用箩筐装运，放螺时用水草垫隔，即一层螺一层水草，层层相叠，以保护螺体不受损伤。若长途运输中应每1～2小时洒水一次，以保持螺体湿润。

（2）产卵场的选择与清整　产卵场大小可根据生产规模确定，一般不做统一要求，但产卵场一般应选择水源充足，水质良好，进、排水方便，环境安静的地方。产卵场的建设可因地制宜进行，一般产卵池可选择土地、水泥池、沟渠等均可，也可以产卵池、孵化池和育苗池综合建设的方式进行，即用大池套小沟的方法，各专用池以水沟代替。各沟相连，形成曲道形式，以利于水体循环流动，进出水孔分别设于两端。为便于管理和操作，产卵池面积不宜过大，一般长度不限，宽度以1～1.5米较为适宜，水深可保持在30～50厘米。若采用水泥池，池底要铺设3厘米厚的淤泥。新建水泥池要浸泡10天后方能使用。

田螺放养前，应进行清整，并换注新水。然后在池边四周和池中间插上竹木片，木片应高出水面30～50厘米。同时种植一些水生植物，以备雌螺产卵时用。土池四周还要有防逃设施。

（3）田螺的放养与培育　田螺的放养密度不宜过大，以每平方米30～35个较为适宜。田螺放养后，即开始进行强化培育，每天投喂足量的青饲料，如蔬菜、浮萍、陆草等，并适当投喂精饲料，如豆饼、麦麸、米糠等。其投喂量要根据天气及摄食情况确定和调节，精饲料投喂不宜过多，以免影响水质，一般日投喂量为螺总体重的0.5%～0.7%。青饲料日投喂量以满足其摄食需要为准，每天应捞出未吃完的青饲料。培育期间应加强水质管理，保持水质清洁，一般每2～3天加注新水一次，或有洁净的水缓慢流入则更好，这样有利于田螺多产卵、早产卵。

田螺培育也可在幼螺苗经45天的饲养，能分辨出雌雄时进行，培育方法同上。饲养3～4个月后，达性成熟，便可自行交配繁殖。

（4）卵块的收集与孵化　经过7～10天的强化培育，田螺便陆续开始交配、产卵。田螺的交配在白天进行。交配后，雌螺便在夜晚爬上植物的茎、叶以及池壁及池内飘浮物上，离开水面产卵，每次产卵 500～2000 粒不等，持续产卵时间 20～90 分钟，产完卵后，自动跌落水中。卵为黏性，外有胶状物将众多卵子黏于一体。为提高孵化出苗率，田螺产卵后应进行收集并放入其他池中卵化。收集卵块的时间不宜过早或过晚；过早卵块太软，不易剥离；过晚胶状物凝固，会损坏卵粒，亦难于收集。一般是在产后的第二天，卵产出 10～20 小时，胶状黏液尚未完全干时剥离和收集。

卵块收集后，即刻移入孵化池内孵化。条件较好时，可用室内水泥池孵化，若在室外孵化，则应加盖竹席、草席等遮阳、防雨。孵化池面积 10～30 平方米，水深 1～1.5 米。孵化时最好保持微流水条件，并控制水温在 30℃左右，水体溶解氧在 4 毫克/升以上。为提高孵化率，要在孵化池离水面 30 厘米处设一竹筛式孵化床，床顶用塑料薄膜遮盖。

孵化时，将卵块放于网状孵化床上层层排列，不能堆积，每天收集的卵块分别排放。卵化的时间随气温高低而变化，气温高，孵化时间短；气温低，孵化时间长；气温低于 20℃以下时，难以孵化。田螺卵在孵化过程中有颜色变化。刚产出的卵多为粉红色，4～5 天后变为褐色，7～10 天后变为白色，不久小螺即破壳而出。仔螺孵出后，会从筛孔处自动跌入水中，螺顶由红色变为黑色时开始摄食，即可进行幼螺培育。

幼螺具有一定的耐旱性。孵出 1～24 小时内入水都能成活，24～48 小时内入水，大多数亦能成活；3 天以上入水的，成活率较低。所以设立网状孵化床便于幼螺入水，对提高幼螺成活率至关重要。

9.4.3 田螺的苗种培育

仔螺孵出后，便可收集起来，转入培育池内培育。若孵出的仔螺较多，可将孵化床移到别的池内继续孵化，幼螺在原孵化池内培育。

刚孵出的仔螺体重约 0.02 毫克，直径不到 2 毫米。培育时，刚孵出的幼螺放养密度为每平方米水面 4000~6000 只，随着幼螺生长，放养密度应相对减少，当幼螺个体达 2~3 克时，每平方米水面宜放养 150~200 只。若池中经常有微流水流入，则放养密度可加大。

幼螺培育初期，主要投喂切碎的浮萍、米糠和腐殖质等，每天投喂 2 次。4~5 天后，可增加投喂一些豆饼粉，洒在青饲料上。7~10 天后，可逐渐增加投喂量，并多放浮萍等水生植物，供其自由取食。投喂时，要掌握量少次多的方法，以防水质恶化。培育期间要加强水质管理，确保水质清新，一般每隔 1~2 天换水 1 次，以防止水质恶化引起幼螺大量死亡。经 10~20 天饲养，螺高 1 厘米、体重达 1 克左右时，应稀疏分池放养。培育期间还应注意防逃工作，主要是在进、出水口设防逃栅栏，防止幼螺随水外逃。

9.4.4 田螺的养殖技术

（1）养殖条件与形式　田螺对养殖的水面要求不高，在排、注水方便，能经常保持水质清新，水深在 1 米以上的各种水域中，都可进行养殖。养殖池的水面可根据具体情况而定，大小均可。放养前要清塘消毒，铲除杂草，新建水泥池要浸泡数日，池底应回填10 厘米左右厚的肥泥，以供螺蛳钻入其中避暑、防光、防寒。

① 水泥池精养　水泥池精养单位面积产量高，管理方便。水泥池的面积大小不限，以操作管理方便为宜。水深 1 米左右。有条件时，可适当多修建几个水泥池，进行分级配套饲养。一般分为 3级，每级饲养 1 个月，第 3 级养殖时间可长可短，直到养成商品螺为止。

水泥池精养时的密度可以根据放养和出池规格及管理水平确定，一般每平方米放养 10 克重的小苗 1 千克。

② 坑塘养殖　坑塘养殖包括小土池和水面较宽阔的大池塘养殖。小土池易于精养，其养殖方法基本同水泥池精养法，如土池较少可不必分级饲养。其生长速度比水泥池中稍快，水质也容易管理。大池塘饲养具有水质稳定、生长快、产量高的优点，一般养殖产量低的浅水塘，改养田螺效果更好。养殖密度可大可小，一般每

亩放幼螺 5 万～10 万粒，1 次放种，多次收获，捕大留小。

③ 网箱养殖　网箱大小不限，放置水域要无工业废水污染。放养密度每平方米 1～15 千克。采用多级网箱分批饲养的方法，可以提高放养密度和产量。

④ 水沟养殖　水沟宽 1 米，水深 0.5 米，沟内水能排能注。放养密度每平方米 1 千克。

⑤ 稻田养殖　稻田养殖投资少，并可增加稻田的肥力。具体做法是：在稻田内，把田整理成宽 2～3 米的长条形坑，水深一般保持在 30～60 厘米，中间每隔 30 厘米左右，放些竹片、木棍，以供螺吸附。放养密度以幼螺全部浮出水面，略有空隙为宜。随着个体增大，可按不同的规格分池饲养，经 3 个月养殖，便可选检上市。田埂高 60～70 厘米，保持水深 50 厘米左右。放养密度为每平方米 0.5 千克左右。

无论采取何种养殖方式，若能雌雄螺分开饲养，均能加快其生长速度。

（2）管理技术要点

① 清池　无论采取哪种养殖方法，放养前都要进行清池。清池方法及所用药物、用量同水蛭池的消毒相同。

② 人工植被　在放养区，要人为放置一些水生植物，如浮萍、假水仙等，放置面不应超过水面的 30%～35%。其作用主要有：一是防阳光直射，为螺提供庇荫场所；二是稳定水质，并进行生物增氧；三是作为食物，供螺食用；四是防寒。

③ 水质控制　水质是重要的环境条件，其好坏直接关系着螺的生存。因此，饲养期间要加强水质的管理工作。田螺摄食量大，排泄物多，水质易变坏，为保证螺的正常生长发育，应勤换水、多换水，使水清洁而活动，无污染，无腐败现象发生。水泥池和小土池精养时尤其要注意。池塘和稻田饲养如能保持微流水状态，将有利于螺的生长。

④ 投饲　在饲养期间要保证饲料供应，田螺的饲料来源较方便，各种水生植物、陆生植物的叶和嫩茎都可，为促其生长，提高产量，可辅以精料。投喂时间可在晚间进行，浮萍、嫩草可边采边

喂，每天的投喂量一般为螺总体重的 10% 左右。

(3) 越冬 冬天水温降到 12℃ 以下时，田螺的活动明显下降。10℃ 以下时，池面上应用塑料薄膜覆盖，晴天阳光充足时，放浅池水，以利提温。晚上加深水位 50 厘米以上，以利保温。在冬季气温能保持 7～8℃ 的南方，螺可以在室外越冬。在严寒的北方，必须采取防寒的越冬措施，一般在温室内越冬，也可以采用地窖等简易技术进行田螺的越冬和保种，成活率可达 80% 以上。

(4) 养殖注意事项 田螺适温范围广，一般低于 12℃ 时才基本停止活动和摄食，低至 0℃ 才死亡。因此，在南方地区养殖田螺，由于冬季气温较高，便于其自然越冬，如防逃措施不力，或养殖方式不当，极易造成田螺自然越冬后大量繁殖，从而引发养螺水体生态平衡失调的现象，应给予足够的重视。在我国广东、福建、广西及台湾等地均出现过螺体逃逸或稻田养螺后，造成稻田及池塘田螺泛滥成灾，破坏水稻农作物生长的现象。故此，在南方地区养殖田螺，应切实做好防逃措施，并且也不宜采用稻田养螺的方式。在冬季室外气温较低的地区，则可采用多种养殖方式，灵活运用。

9.5 河蚌的培育

河蚌，又名河歪、河蛤蜊、鸟贝等，属于软体动物门、瓣鳃纲蚌目、珠蚌科、无齿蚌亚科、无齿蚌属，是一种普通的贝壳类水生动物。河蚌以滤食藻类为生，常见的有角背无齿蚌、褶纹冠蚌、三角帆蚌等数种，分布于亚洲、欧洲、北美和北非。我国大部分地区的河湖水泊中有出产。多栖息于淤泥底、水流缓慢和静水的水域，分布于江河、湖泊、水库和池塘内。雌雄异体。大部分能在体内自然形成珍珠。外形呈椭圆形或卵圆形。壳质薄，易碎。两壳膨胀，后背部有时有后翼。壳顶宽大，略隆起，位于背缘中部或前端。壳面光滑，具同心圆的生长线或从壳顶到腹缘的绿色放射线。斧足发达。肉可食，亦为鱼类、禽类的天然饵料和饲料。

9.5.1 河蚌的特征特性

（1）外壳　无齿蚌具有两瓣卵圆形外壳，左右同形，呈镜面对称，壳顶突出。壳前端较圆，后端略呈截形，腹线弧形，背线平直。胶合部无齿，其外侧有韧带，依靠其弹性，可使二壳张开。壳面生长线明显。

壳的内面有肌肉附着的肌痕。与壳腹缘并行的外套痕，壳前上方有三肌痕，最大的一个椭圆形，为前闭壳肌痕；其后上缘为一小的略呈三角形的前缩足肌痕；其后下线为伸足肌痕。壳后端近背缘处有二肌痕，大的为后闭壳肌痕，椭圆形，其前上缘一小的是后缩足肌痕。

（2）外套膜　紧贴二壳内面为两片薄的外套膜，包围蚌体，套膜间为外套腔。套膜内面上皮具纤毛，纤毛摆动有一定方向，引起水流。两片套膜于后端处稍突出，相合成出水管和入水管。入水管在腹侧，口呈长形，边缘褶皱，上有许多乳突状感觉器；出水管位于背侧，口小，边缘光滑。

（3）斧足　呈斧状，左右侧扁，富肌肉，位内脏团腹侧，向前下方伸出。为蚌的运动器官。我们一般吃的就是河蚌的斧足。

（4）肌肉　与壳内面肌痕相对应，可见前闭壳肌及后闭壳肌，为粗大的柱状肌，连接左右壳，其收缩可使壳关闭。前缩足肌、后缩足肌及伸足肌一端连于足、一端附着在壳内面，可使足缩入和伸出。

（5）消化系统　口位前闭壳肌下，为一横缝。口的两侧各有一对三角形唇片，大，密生纤毛，有感觉和摄食功能。口后为短而宽的食道，下连膨大的胃，胃周围有一对肝脏，可分泌淀粉酶、蔗糖酶，有导管入胃。胃后为肠，盘曲于内脏团中，后入围心脏，直肠穿过心室，肛门开口于后闭壳肌上，出水管附近。胃肠之间有一晶杆，为一细长的棒状物，前端较粗，顶端形态变异较大，呈细尖、膨大、钩状、盘曲等。晶杆位于肠内，其前端突出于胃中，与胃盾下部相接。晶杆可能为储存的食物，河蚌在缺乏食物条件下，24小时后晶杆即消失，重新喂食，数天后晶杆恢复存在。河蚌以有机质颗粒、轮虫、鞭毛虫、藻类、小的甲壳类等为食。

（6）呼吸器官　在外套腔内蚌体两侧各具两片状的瓣鳃，外瓣鳃短于内瓣鳃。每个瓣鳃由内外两鳃小瓣构成，其前后缘及腹缘愈合成"U"形，背缘为鳃上腔。鳃小瓣由许多纵行排列的鳃丝构成，表面有纤毛，各鳃丝间有横的丝间隔相连，上有小孔称鳃孔。两鳃小瓣间有瓣间隔，将鳃小瓣间的鳃腔分隔成许多小管称为水管。丝间隔与瓣间隔内均有血管分布，鳃丝内也有血管及起支持作用的几个质棍。

由于鳃及外套膜上纤毛摆动，引起水流，水由入水管进入外套腔，经鳃孔到鳃腔内，沿水管上行达鳃上腔，向后流动，经出水管排出体外。水经过鳃时，即进行气体交换。外套膜也有辅助呼吸的功能。每24小时经蚌体内的水可达40升，鳃表面的纤毛可滤食水中的微小食物颗粒，送至唇片再入口。因此鳃还可辅助摄食。外瓣鳃的鳃腔又是受精卵发育的地方，直至钩介幼虫形成。

（7）循环系统　由心脏、血管、血窦组成。心脏位脏团背侧椭圆形围心腔内，由一长圆形心室及左右两薄膜三角形心耳构成。心室向前向后各伸出一条大动脉。向前伸的前大动脉沿肠的背侧前行，后大动脉沿直肠腹侧伸向后方，以后各分支成小动脉至套膜及身体各部。最后汇集于血窦（外套窦、足窦、中央窦等），入静脉，经肾静脉入肾，排除代谢产物，再经入鳃静脉入鳃，进行氧碳交换，经出鳃静脉回到心耳。部分血液由套膜静脉入心耳，即外套循环。

无齿蚌血液中含血清蛋白，氧化时呈蓝色，还原时无色，其与氧的结合能力不及血红蛋白，一般软体动物100毫升血液中含氧通常不超过3毫克。血液中含变形虫状细胞，有吞噬作用。因此血液除输送养分外，尚有排泄功能。变形虫状细胞聚集，其伪足部分互相结合，使血液凝固（蚌血液中无纤维蛋白原）。

（8）排泄器官　蚌具一对肾，由后肾管特化形成，又称鲍雅诺器。还有围心腔腺，亦称凯伯尔器。肾位于围心腔腹面左右两侧，各由一海绵状腺体及一具纤毛的薄壁管状体构成，呈"U"形。前者在下，肾口开于围心腔；后者在上，肾孔开口于内瓣鳃的鳃上腔前端。围心腔腺位于围心腔的前壁，为一团分支的腺体，由扁平上皮细胞及结缔组织组成，其中富血液，可收集代谢产物，排入围心腔，经肾排出体外。各组织间的吞噬细胞也有排泄功能。

(9) 神经系统　无齿蚌具有3对神经节。前闭壳肌下方，食道两侧为一对脑神经节，很小，实为脑神经节和侧神经节合并形成，可称为脑侧神经节。在足的前缘靠上部埋在足内的为一对长形的足神经节，二者结合在一起。脏神经节一对，已愈合，呈蝶状，位于后闭壳肌的腹侧的上皮下面，较大。脑、足、脏3对神经节之间有神经连索相连接，脑脏神经连索较长，明显。

蚌的感官不发达，位于足神经节附近有一平衡囊，为足部上皮下陷形成。内有耳石，司身体的平衡。脏神经节上面的上皮成为感觉上皮，相当于腹足类的嗅检器，为化学感受器。另外在外套膜、唇片及水管周围有感觉细胞分布。

(10) 生殖系统　蚌为雌雄异体，生殖腺位于足部背侧肠的周围，呈葡萄状腺体。精巢乳白色，卵巢淡黄色。生殖导管通，生殖孔开口于肾孔的后下方，很小。

9.5.2　河蚌的繁殖发育

蚌的生殖季节一般在夏季，精卵在外瓣鳃的鳃腔内受精。受精卵由于母体的黏滞作用，不会被水流冲出，而留在鳃腔中发育。故外瓣鳃的鳃腔又称育儿囊。经完全不均等卵裂（属螺旋型）发育成囊胚，以外包和内陷法形成原肠胚，发育成幼体，在鳃腔中越冬。来年春季，幼体孵出，发育成河蚌特有的钩介幼虫（相当于其他瓣鳃类的面盘幼虫）。幼虫具双壳，有发达的闭壳肌，壳的腹缘各生有一强大的约钩，且具齿。腹部中央生有一条有黏性的细丝，称足丝。壳侧缘生刚毛，有感觉作用。幼虫有口无肛门，可借双壳的开闭而游泳。淡水中鳑鲏鱼等，以长的产卵管插入蚌的入水管，产卵于蚌的外套腔中。如此蚌的钩介幼虫有机会接触鳑鲏鱼，可寄生在鱼的鳃、鳍等处。鱼皮肤受其刺激而异常增殖，将幼虫包在其中，形成囊状。幼虫以外套膜上皮吸取鱼的养分。经2～5周，变态成幼蚌，破囊离鱼体，沉入水底生活。经5年方达性成熟。以后仍继续生长。

雌雄性体型有一些差异，在腹缘有一个凸起，这个凸出部分和繁殖有关，是幼虫的临时居所。

9.5.3 河蚌的养殖技术

挑选蚌体完整无残缺，壳体光泽好，并且斧足肥壮饱满的河蚌。水蛭幼仔孵出后主要依靠卵黄维持生活，3 天后开始觅食。在自然的情况下，初孵化的水蛭幼仔主要摄取蚌、螺的血液和汁液，常见一个蚌体内会钻入 10 多条至 100 多条的幼水蛭，故河蚌也是水蛭的极好活饵。河蚌的人工养殖主要应从以下几方面入手。

稚蚌经 30 天培育，一般可达到壳长 1 厘米左右的幼蚌，应及时调整培育密度。继续培育一段时间后，可进行池塘笼吊养、网箱饲养或池塘底养。以后蚌体每增长 1 厘米，即调整培养密度 1 次。当幼蚌长到壳长 5 厘米以上时即转为成蚌养殖，一般采用网笼吊养或塘底（土池）养殖。

池塘里吊养河蚌前，可以先用毛竹、木头打桩，一排排用绳子绑好，把河蚌放在网笼里，悬吊于水中，为了使河蚌吊在同一水层高度，可以用塑料泡沫或可乐瓶子做浮子，既经济又好用。吊养方法有单个吊养和串养。根据水位、水温及季节变化，应适时调节河蚌的吊养深度。冬季宜适当深吊（水面下 40～60 厘米），春、秋两季可吊养浅些（水面下 15～20 厘米），夏季吊水面下 20～30 厘米（水温 32～34℃）。笼养数量依笼（网笼、网夹）的大小而定，一般以每只蚌都能接触笼底为适宜。河蚌一般每亩养殖池塘为 800～1200 只。

俗话说"三分养、七分管"。发现死蚌要及时清除，以免影响其他蚌的生长。同时还要注意蚌的位置，保持它们仰天朝上的姿势。为了不影响生长，还应及时将附着在壳体上的污物清理。

如育蚌池塘水质清瘦，要及时施肥。肥料可用有机肥或化肥，或二者兼用。有机肥以鸡、鸭、鸟类的粪便为好，使用前需加 1% 生石灰或发酵腐熟后施用。化肥主要是尿素和过磷酸钙（用量比 1∶2 或 1∶3），两种混合加水后泼洒，做到量少、次多，一般每亩用尿素 1 千克、过磷酸钙 3 千克。还可泼施豆浆（饲料与肥料）。同时施用钙肥（生石灰），保持池水透明度在 30 厘米左右。

9.6 饵料的投喂

水蛭属蛭纲动物，雌雄同体，每条每次可产卵 60～90 个，生命力强，繁殖快，一般一年即可长成，异体产卵。水蛭为杂食性动物，以吸食动物的血液或体液为主要生活方式，常以水中浮游生物、昆虫、软体动物为饵，人工条件下以利用各种动物内脏、血块、草粉或其他动物的粪便配合饲料、淡水螺贝、蚯蚓等为食。饵料的投喂应根据水蛭及天然饵料的生长规律、摄食习性，合理选择饵料投喂方法，科学喂养，以提高饵料的利用率，降低饲养成本，从而增加经济效益。

9.6.1 饵料台的设置

饵料台可用 1 厘米见方的木条，钉成 1 平方米大小的木框，用塑料窗纱钉上即成。也可用芦苇、竹皮、柳条和荆条等编织成圆形台。然后将饵料台固定在水中，将饵料用水和开后，轻轻地放在饵料台上，切不可将干粉饵料直接放在饵料台上，以防饵料沉落水底。最后在饵料台四周设置护栏网，水蛭可直接进入，而其他动物不能进入，防止干扰水蛭的正常吸食。

饵料台在水下 10 厘米左右，每天将饲料按体重的 2％～5％投放其上，及时观察进食情况，以每天投放的饲料到第 2 天早上吃剩少量为原则。每亩投放螺蛳或蚯蚓、昆虫的幼虫等 25 千克左右，每星期饲喂动物血一次，把猪、羊、牛等的鲜血凝块分割成块投入池中。每隔 5 米放一块，待水蛭吸饱自行散去后及时清除凝血残渣，以免污染水质。为防止强光直接照射，使其躲藏起来不进食，一般在养殖池周围栽种果树，在水池中种植水生植物遮阳，同时池中的水生植物也起到了净化水质的作用。日常管理中，要定期向池中加注新水，防止水质恶化，定期用每升 1 毫克的漂白粉全池泼洒，以预防疾病的发生。

9.6.2 饵料投喂的原则

水蛭饵料的投喂，要坚持"四定"原则。

（1）定质　直接饵料要保证新鲜、清洁，禁止饲喂霉变的饵料。间接饵料也要清洁干净，禁止投放腐烂变质的饵料。同时要注意饵料的多样性，以适应不同种群水蛭直接天然饵料动物的取食。

（2）定量　每日饲喂的饵料数量应相对固定。日投饵料量一般可掌握在水蛭实际存栏重量的1％左右，而每亩养殖池的水蛭实际存栏重量为20～40千克。根据水蛭的吸食情况与天气变化、水温、水质情况，在坚持定量投喂的基础上，适度掌握，如发现有剩余饵料，则应减少投放量，以免造成不必要的饵料浪费。

（3）定点　投放饵料的地点要固定，使水蛭养成定点接食的习惯。投喂点的数量，一般以20米^{2}的养殖池设1个饵料台为宜。也可根据养殖密度具体确定，饵料台最好设在池的中间或对角处，既便于水蛭的集中和分散，又便于清理残余饵料。

（4）定时　每天投喂时间要相对固定。一般情况下，以上午10时左右和下午3时左右较为合适。冬季在日光温室中饲养的，最好在中午温度较高时投喂。长期坚持定时投饵料，可使水蛭养成定时摄食的生活规律。

9.6.3　水蛭对投饵的要求

水蛭的生命力极强，对水质和环境要求并不十分严格，甚至在污水中也能生活。在饲养过程中主要是注意及时投饵和调节水质。

（1）投饵　刚孵出的幼蛭依靠卵黄囊生存，可以不摄取食物，为内源性营养阶段。3～4天后卵黄吸收殆尽，才转入外源性营养阶段，主要吸食浮游生物螺类及腐殖质等。在内源性营养阶段，为提高幼蛭成活率，可补充一些血块于产卵台上或将鸡蛋打散后泼入水中。半月后幼蛭平均体长达1.5厘米，即可转入商品蛭池中饲养。养蛭饲料以新活螺蛳为主。初养时，按每千克蛭投1.2～1.5千克螺蛳，投入的螺蛳要大小都有。以后不需每天投入饲料，每隔10～15天检查一下螺蛳空壳，若空壳多，要及时进行补充，以防饲料不足。

投饵时，螺类可以一次性投放，即在养殖池内一次性投放一定数量的螺类，一般每亩25千克左右，让其在养殖池中自然繁殖，供水蛭自由取食。螺类也不宜投放过多，以免与蛭类争夺空间和消耗氧气。

　　水蛭的嘴是吸盘式的,是食用蜗牛的行家。蜗牛肉蛋白质含量高,有利于水蛭的快速生长,而蜗牛是一种活体,如不被吃掉还可以在池中继续生长繁殖,不会污染水体。

　　也可适当喂一些动物的内脏和死的小鸡、小鸭、小猪等。水蛭常吸取水中的浮游生物和泥土表面的腐殖质,所以适当往池中撒些腐熟好的有机粪肥。

　　人工养殖条件下,密度大,饵料生物螺蛳的繁殖量往往不能满足需要,出现白天时水蛭四处游动,说明食物缺少,应及时补充。补充投喂螺蛳时,要沿边少量均匀投放,以免与水蛭争夺空间。

　　金线蛭主要吸食田螺、河蚬等的体液。田螺第1次投放一般按种蛭重量的2～3倍投入,每隔30～45天须另行投入,投放量须根据田螺的空壳比来定,可达水蛭重量的4～6倍。田螺繁殖期与宽体金线蛭繁殖期相吻合,当5～10毫米长的幼蛭从卵茧中钻出后,立即用头部的化学感受器寻找到幼小的螺类并将身体钻进螺壳内取食其体液。这个阶段幼蛭的取食量颇大,个体增长迅速,所以需每天投喂幼小的螺类并清除螺壳,清洗时必须注意螺壳内躲藏的幼蛭。随着水蛭个体的增大,取食的螺类也随之增大,所以投喂的螺类也要随着幼蛭个体的增大而增大,直至成熟的宽体金线蛭需要投喂大的田螺。为避免没有足够幼小的螺类而造成幼蛭死亡,所以必须设法让幼蛭吃饱。室外池养的投喂较难掌握,但绝不要往池里泼洒豆浆和猪血,可以种些水草喂养螺类,以便形成一个食物链。每次投放螺蛳不宜过多,以免与水蛭争夺空间。已死亡浮在水面上的螺蛳要及时清理。

　　(2) 水质调节　蛭类虽然对水质条件要求不高,但为了加快水蛭的生长速度,仍然需要保持水质清洁,否则会影响蛭类的生长。

　　虽然水蛭在污水中也能生活,但生长速度较慢。因此,在人工高密度养殖时,仍然要保持水质清洁,及时更换池水,防止池水污染,保证养殖池水体内一定的溶解氧量,以确保蛭类快速生长,尤其在7～8月份的高温季节,更要注意适当换水。

　　在养殖水蛭的池塘中,一定要防止农药、化肥等污染水源,而且不能使用碱性过大的水源养殖水蛭。水温过低的井水必须经过一定距离的流程、充分暴晒，待水温升高后才能使用。在夏季高温季节，为避免因池水温度过高而引起水蛭生长不良，还应在池边种植一些遮阴植物，并要经常换水，使池水温度保持在30℃以下。平时一般每7～10天换一次水，而在夏季高温季节要每3～5天换一次水。

（3）养殖温度　作为对主体食物链的补充，可投喂一些人工饲料，建议应因地制宜，凡畜禽鱼饲料，均可选用。可根据成本、季节和养殖池的理化性状与养殖密度之间的动态量比关系确定投喂量。

水蛭适宜的养殖温度在15～30℃，低于10℃时停止摄食，高于35℃时，表现烦躁或逃跑。水温较高时，可适量注水提高水位，以调节水温，也可增加换水量。幼苗期即每年的4月中旬至5月下旬，向水面泼洒猪血或牛血，供小水蛭吸食，5月下旬后向水池中投放活的河蚌或田螺供水蛭吸食。每亩水面投放250～500克活的河蚌80～150只，投放螺蛳150～200千克。投放量少，不够水蛭吸食，投放量多，易导致缺氧或与水蛭争夺空间。每半月向水面泼洒猪血或牛血一次，供水蛭吸食或河蚌滤食，每2个月补投河蚌30只。水温22～27℃为水蛭旺食期，可在晚间水蛭出动觅食之前多投饵，否则适当少喂些。

秋季气温下降时，水蛭便潜入深水中。为使其安全越冬，要加深池水，还要在池周围多放些石块、草帘，让其潜入深水或钻入池周围的石块、土层或草堆之中。夏季要经常换水，以保持水质清洁。入冬以后，水蛭钻入土中或树叶下冬眠时，可放净池水，盖上稻草保温，或加深池中水，以防池水冻结到底。

（4）饲养管理　水蛭生命力极强，粗生易长，主要管理是投饵和调节水质。水蛭以水草和水中微生物为食，人工养殖也可投放螺蛳和设灯诱虫，也可自育"无菌蝇蛆"投食，效果极好。水蛭对环境和水质要求不严，但人工养殖密度大，水质保持清洁为好。越冬管理，入冬水蛭即停止摄食，钻入土中冬眠，但人工养殖可相对加温并覆盖塑料棚延长生长期，提高经济效益。

9.7 人工饵料加工

给水蛭准备丰富的食物，是提高水蛭产量的主要因素。浮游动物、软体水生动物（螺蚌）是水蛭的天然食物。除此以外为获高产，还需投喂小型成鱼和动物血。水蛭是一种以吮吸动物血为食的生物，所以投喂的必须是新鲜、洁净的动物血（血块）。投喂方法以每5平方米投一块，大小数量视水蛭以20分钟全部吮吸干净为准，多则减，少则加，而且半小时内要对剩下的血块予以清除，以防水质变坏。

对有病的水蛭特别饲养时可加入药物。将表9-1所列的成分核量配齐、混合均匀，再将20～30克的琼脂加入1000毫升水中加热溶化，待溶液冷却到60℃左右时，与上述配制的饵料原料混合均匀，成稀糊状，冷却后即凝固成冻状。然后把冻状饵料切成块，放入塑料篮或竹篮内，吊放在水中。

表9-1 人工饵料配方

原料	配比/%
血粉	80
蛋白饵料	10
能量饵料	7
青绿饵料	3
维生素	适量
微量元素	适量

第10章

水蛭的病虫害防治

10.1 水蛭发病的主要原因

　　水蛭的生存能力与抗病能力相当强，发病率较低，没有暴发性疾病和传染病。只要按照科学的饲养方法去操作，在饲养过程中极少发生病害，个别有病的水蛭主要是由于蛭体受外界因素的影响，引起正常新陈代谢失控，扰乱了水蛭的正常生命活动，从而导致少量水蛭发生病变。引起水蛭发病的主要原因有以下几方面。

　　(1) 温度不稳定　温度不稳定是指气温过低或昼夜温差较大等，这样都会使水蛭的抗病能力下降，造成水蛭不适应或患病。寒冷时未及时采取保护措施，如在倒春寒季节受冻，就会引起水蛭发病或死亡。炎热时未采取降温防暑措施，如水温过高、太阳直接照射等，都会造成水蛭食欲减退，甚至死亡。忽热忽冷的天气，昼夜温差大，越冬防寒措施不当，炎热夏季暴晒，没有树木、遮阳网、水草等遮阳，也会造成水蛭死亡。

　　(2) 养殖密度过大　水蛭的养殖密度一般和外界温度有关。温度低时，密度可适当大些；温度高时，密度可适当小些。而在实际养殖时，春季温度偏低，密度应该大些，而由于是放种期，又不可能太大。夏季温度偏高，养殖密度应当小一些，而由于水蛭大量繁殖，又显得养殖水体不足。如果放养密度高于正常密度3倍以上，必然造成水蛭活动空间相对减小，再加上饵料不足或分配不均，排泄物过多，有可能发生互相残杀，或引起疾病的发生和蔓延，容易发病。

（3）水质恶化　池水变质会引起传染病，随着小水蛭逐渐长大，池中的排泄物不断增多，再加上残饵大量存积和气温的升高，或长期处在高温季节，如果不及时换水，池水就会腐败，严重时发黑发臭，有害病菌大量繁殖，极可能引发各种传染性疾病。换入污染水等会引起水蛭中毒。

（4）营养不良　造成营养不良的原因：一是养殖密度过大，饵料分配不均，导致弱者更弱，而逐渐消瘦，体质下降，感染疾病或死亡；二是饵料营养配比不合理，长期饲喂单一饵料，造成营养不良，抵抗能力下降；三是投饵不遵循"四定"的原则，水蛭时饥时饱，有时吃了腐败变质的食物，也会造成发病或死亡。

（5）没有吸附物　水体中没有水草、树枝等吸附物，容易造成水蛭吸盘拉伤等病害。

（6）机械损伤　水蛭的抗病力较强，在饲养过程中，尚未发现疾病。但在运输、捕捉等过程中，发现由于机械损伤，造成少量死亡，因此，在运输、捕捉过程中动作要轻、快，同时不要大量的堆集，捕捉器具少用光滑的容器，以免水蛭吸盘固定容器较紧，而捉拿时拉伤，最好采用80目网做成捞网使用。

（7）人为因素　人为原因造成的伤亡。比如没有给水蛭创造一个适合其生长的水体环境，水蛭一般是一周蜕一次皮，蜕一次皮就长大一点。如果水蛭的蜕皮时间不一致，或者池子里边出现一些杂虫，就会使水蛭不能正常蜕皮，出现伤亡。如果没有将伤亡的水蛭及时清除掉，就会影响水蛭并影响整个池子的水蛭健康状况。

水蛭病害随着养殖生产的进一步发展，今后一定也会发生一些疾病，虽然已经进行了这方面的研究和探索，但也希望广大养殖户在饲养过程中密切配合，将生产实践与理论相结合，共同探讨水蛭的疾病和防治。同时，在整个饲养过程中，认真贯彻"防重于治"的方针，经常注意水质变化、天气变化等，给水蛭营造一个良好的生活环境，减少疾病的发生。在疾病防治工作中，除了在引进种源时进行蛭体消毒外，在整个养殖过程中还应定期进行水体消毒。

在水蛭养殖过程中疾病是可以预防的，但是作为疾病的治疗意义不大，发现水蛭情况不对，或者不是很活跃，可以取出立即加

工，这样做对于养殖户基本没有损失。

10.2 水蛭防病的基本措施

水蛭的抗病能力极强，在整个养殖周期内几乎不会发生任何疾病，因此建议不要用任何药物来防病，特别是敌百虫之类的杀虫药，在养殖池周围环境也都要禁止使用。要做好防逃和防敌害工作，特别是雨季洪水季节，更要加强管理，可在池的四周用石灰粉铺一条宽约 30 厘米的隔离带，阻止水蛭逃跑。防病害应贯彻"预防为主"的方针。放种蛭前，池水可选用二氯异氰尿酸钠 （$0.2\sim0.25$）$\times10^{-6}$ 消毒。要及时清除池水中的虾、蟹、泥鳅等杂鱼。水蛭生命力强，一般不易生病，若水质太差也会生病，生病后治疗效果不太理想，因此应树立预防为主、治病为辅的观念。对于不易治好的应及时加工成药材。

10.2.1 水蛭防病的保健措施

（1）加强饲养管理 加强水蛭的日常饲养管理，创造适合于水蛭生活的良好条件，提高水蛭对病害的抵抗力，这是防治水蛭疾病的根本措施。

养殖水蛭的场地要选择资源条件好的地方，包括食物资源、水资源，同时还要考虑到向阳、保暖、防暑降温等条件。水蛭的饵料要清洁卫生，品质优良，合乎各种营养的需要，只有食物的营养全面才能生产出合格的水蛭产品。因此提高食物质量是保证水蛭健康生长繁殖、增强抗病能力、预防疫病传染的一个基本环节。应做到几下几点。

① 调节水质，保持透明度适中，水质清新、不肥不瘦。

② 捕捞水蛭时尽量避免碰伤。

③ 及时换水，池水被污染或高温季节水温高于 30℃ 时应换水，每次只能换去池水的 1/3，不能用含农药或化肥的水源，换水的温差控制在 3℃ 以内。

④ 不喂腐败变质的饲料，吃剩残饵及时清除。

（2）选育优良品种 水蛭对疾病抵抗力的强弱是疾病能否发生

及发生轻重的决定因素之一。因此，有目的、有计划地注意观察水蛭的健康状况，从中选育出抗病性较强的品种，同时注意淘汰发育慢、抗病能力弱的水蛭，使之逐渐纯化，以达到选育良种的目的。

(3) 遵守卫生规则　卫生规则是水蛭养殖场预防措施的重要内容之一。在生产中要遵守各项卫生规则，讲究卫生，预防传染性疾病的发生与传播。

水蛭养殖场的卫生规则，大体包括以下几个方面。

① 场地和用具的清洁卫生。包括饵料台、放饵的器具等，要随时收集清理，不能到处乱扔。

② 养殖人员要注意个人卫生。衣服要保持清洁，操作前后要用肥皂洗手，进入场地要进行全面消毒等。

③ 物料保存完好。包括饵料、药品等物品，应保存在严密的库房内，防止发生破损和丢失。

④ 不用带有病原物或情况不明朗食物作饵料，防止传播疾病。

⑤ 时刻注意水蛭的健康情况，发现个别水蛭有可疑情况时要及时隔离观察，查明病因，及时治疗。

10.2.2　水蛭防病的预防措施

(1) 检疫　引进新品种时，应将水蛭单独饲养并送交有关技术检疫或检验部门进行检疫，确认健康再与原有水蛭混养。在养殖期间，也要定期进行检疫，及时发现病情。否则将生产出不合格的产品，而遭受经济损失。

(2) 消毒　消毒就是消灭外界的病原体，也是对传染性疾病的一项防治措施。根据消毒的目的，可分为预防性消毒、随时性消毒和最终消毒。

预防性消毒是为预防某些传染病的传入而进行的。每个养殖池无论发病与否，均应采取消毒措施，特别是当邻近地区有传染病发生或受到传染病威胁时，更要加强预防性消毒。随时性消毒是在传染病已经发生时，为了防止病原的积累和散布而进行的消毒，包括场地、饵料架、用具等方面的消毒处理。最终消毒是在解除对发病水蛭场地的隔离之前，为彻底消除传染病原而进行的消毒，包括有可能被污染的物体全部进行消毒处理。

消毒的方法有很多，但常用的有机械消毒、物理消毒和化学消毒3种。

① 机械消毒　就是清洁扫除，包括洒扫、清理、铲刮、洗涤等方法，以除去物体表面的大部分病原物。

② 物理消毒　包括日晒、烘烤、灼烧、煮沸、蒸气和紫外线灯照射等方法。例如曝晒饲料台，烘烤饲养用具，用沸水或高压蒸汽消毒衣服、盖布以及用具，用紫外线灯消毒仓库等。

③ 化学消毒　是利用化学药剂消毒，这种消毒方法应用比较广泛。常用的消毒剂有以下几种。

烧碱（苛性纳）。可用1％～3％烧碱溶液趁热洗刷用具等物，然后再用清水洗净、晾干。

苏打（食用碱、碳酸钠）。小型用具、工作服、盖布等物，可用2％～5％苏打溶液洗刷。消毒后的物品要用清水洗净、晾干。

漂白粉（含氯石灰）。可用5％漂白粉水溶液消毒养殖场地、仓库、办公房屋等。漂白粉要密封在木塞玻璃瓶或塑料袋内，贮存于阴暗、干燥、风凉的房屋中，不可久藏。溶液要随用随配，调配和喷洒时要戴口罩。

石灰乳。将生石灰（块灰）加水化开，配制成10％～20％的石灰乳，可作场地和走廊的消毒剂。

福尔马林。福尔马林是含40％甲醛的水溶液，是一种杀菌力很强的消毒剂。应用时常用其稀释水溶液或蒸气来消毒用具等物。福尔马林对眼、鼻和呼吸道的黏膜有强烈刺激性，使用时必须注意安全。

冰醋酸。冰醋酸的蒸气可用于熏蒸消毒，可杀灭很多病原体。可以在放养以前，把门窗糊严，然后把冰醋酸洒在地上，立即密封熏蒸。冰醋酸的用量，含量在98％以上的，每立方米用量100毫升；含量在80％的，应增加至120毫升。室温在18℃以上，熏蒸数小时至一夜即可通风。温度较低时，需熏蒸3～5天。

食盐饱和溶液。以每升水加食盐360克制成食盐饱和溶液。浸泡用具1天，再用清水洗净、晾干，有杀虫防病害的作用。

二氧化硫。二氧化硫是燃烧硫黄所产生的气体，其除具有对虫卵有很强的杀伤作用外，也常用以消毒被霉菌污染的用具等。消毒方法和冰醋酸基本相同，每立方米用量为 3～5 克硫黄。使用时，将已燃烧的木炭数块放在一个瓦盆内，放入要消毒的空间（如日光温室等），再将硫黄倒在炭火上，并立即封好门窗，密闭熏蒸 24 小时后开门窗通风。

发现了发病水蛭应每 15～20 天按每立方米水体用生石灰 10 克或漂白粉 1 克进行水体消毒。对发病水蛭要及时隔离治疗，以免传染。当幼蛭孵出后第 3 天便大量附在水葫芦等水草的根系上，一棵水葫芦附着量多达 200～600 条，这时可把幼蛭连同水葫芦捞起放入塑料筒中，带水搬到幼蛭池，进行下一级培育。

10.3　水蛭的主要疾病及其防治

水蛭是一种药用价值较高的特种动物，含有多种氨基酸和水蛭素，是国内外市场比较紧缺的中药材。水蛭养殖投资小、见效快、成本低、效益高，适合在农村的房前屋后或废旧鱼塘等处养殖。水蛭的生命力极强，发病率极低，但也有个别水蛭因受外界因素影响，或在饲养过程中，因温度不稳定、密度过大、水质恶化、营养不良等因素，也会导致水蛭发病。其主要有以下几种病症。

（1）干枯病

病因：在池塘周围产卵台上的水蛭没有树木杂草遮阳或没钉遮阳网，阳光直射、温度过高、环境湿度偏小，导致水蛭脱水，出现干枯病。

病状：患病水蛭食欲不振，少食、活动力差，活动量减小或不动、消瘦、反应迟钝、身体干瘪、失水萎缩、全身发黑。

防治：①将水蛭放入 1% 的食盐水中浸泡，每次 10 分钟，每天 2 次。②酵母片和土霉素片各 1 片碾碎拌入 100 克左右动物血中让水蛭自由吸食，提高抵抗能力。③在养殖池周围搭棚，防止阳光直射。经常在产卵台上洒水，降温增湿，防止水蛭失水。

（2）白斑病（也叫溃疡病、霉病）

病因：本病由原生动物、多子小瓜虫引起。水温偏低，适宜霉菌生长，毛霉菌大量繁殖，寄生在水蛭体表，大多是受水生昆虫咬伤后感染所致。

病状：患蛭体表有白色点状泡形物、小白斑块，运动不灵活，游动时身体不平衡，食量减小。

防治：①提高水温在28℃左右，对患蛭用0.2%食盐水浸泡杀灭霉菌。②用漂白粉按每立方米水体5克的量，遍洒养殖池，池水要经常消毒。③每立方米水体用硝酸汞2克浸浴病蛭，每次30分钟，每日2次。

（3）肠胃炎

病因：水蛭吸食了腐败变质的饵料或难消化的饵料所引起。

病状：患蛭食量大减，懒得活动，肛门处红肿。

防治：①用0.4%的磺胺咪唑制成粉末混入动物血中投喂，连喂3～5天，能起到预防和治疗的作用。②发现患蛭，捞出放入水盆中，用0.2%的土霉素拌入动物血投喂，有治疗作用。③常用新鲜饵料，以定时、定量、定点、定质等原则投喂。保持水体新鲜，并且经常巡池，早发现、早治疗。

（4）吸盘出血

病因：运输时拉伤，捕捉时人为拉伤，水池内没有吸附物，长时间吸附在池壁上等引起吸盘出血。其主要原因是循环系统障碍。

病状：前后两吸盘或单个吸盘红肿或出血。

防治：①吸盘拉伤出血后，很少能治好和自行康复，所以主要是预防。②投放种水蛭前要用1%～1.5%食盐水或0.1%的高锰酸钾溶液浸泡10～15分钟，进行消毒。③水蛭养殖池种水生杂草，投一些树枝、石头等隐蔽物和附着物，可避免慢性拉伤。养殖过程中不要经常抓拿、翻动水蛭。

（5）腹部拉伤

病因：运输过程中压伤，吸食不易消化的杂物；吸食饵料动物的汁液时，寄生虫吸入体内所造成。

病状：腹部出现红色的硬块或黄色的硬块，多在生殖孔下或排泄孔处，尤其生殖孔处红肿淤血的发生率较高。结块发生后水蛭进食困难，出现运动失调、在水中运动困难，慢慢死掉。

防治：对本病没有特效的治疗方法，只有在运输过程中减少挤压，可降低伤亡。

（6）虚脱病

病因：生活的水体长期缺氧，或饵料长期供给不足所引起。池子过小，水质不易被调节，或投放密度过大，都是引起本病的原因。

病状：患蛭外部形态无任何异常，但在水中运动不好，长时间沉没于水底，最后因不能活动而死亡。

防治：①紧急调节水质，增加溶解氧量。②保证充足的饵料，使之营养充足，体质健壮，避免本病发生。③养殖池水偏碱多发生本病，要经常检测养殖池水质，pH 值控制在 6.5～7.0。

（7）寄生虫病

病因：是由于有一种原生动物单房簇虫的寄生而引起。

症状：患病的水蛭个体在身体腹部出现硬性肿块，硬性肿块有时呈对称性排列。经解剖确定为贮精囊或精巢肿大。

防治：据分析，蚯蚓的雄性生殖腺内常有大量的单房簇虫寄生，一旦发现要注意消灭病原，以防感染。

（8）皮肤病

病因：这种病是由真菌与霉菌引起，夏季最易发生。由于水流不畅，食料、血液等残留物没有及时清除，发生了水质污染，造成水蛭皮肤受损或外来物的侵入。

症状：真菌与霉菌在水蛭皮肤上引起伤口或皮肤红肿，尤以体表溃烂为多见。如不及时处理，就会使水蛭皮面无光泽，花纹不清，身体松软，出现呆滞、不食、不活动，甚至死亡。

防治方法：①放种蛭前，池水可选用每立方米用三氯异氰脲酸（强氯精）或二氯异氰脲酸钠（优氯净）0.2～0.25 克消毒。或在投放前应用漂白粉等药物进行清塘，水蛭对碱敏感，切勿泼洒生石灰。②定期用每立方米水体加入 0.3 克呋喃唑酮，全池均匀泼洒，保持 10 天左右不换新水，可有效地防治细菌性传染病的发生。③及时捞出食物残渣血块、螺蚌尸壳外，换水保持水质清新，减少病害。此外，池中应防止混入鳝、鲶等肉食性鱼类，也要防止老鼠、水蛇、蛙类、水鸟等天敌为害。

（9）肠道病

本病主要是在饲养过程中饲养管理不当所致。如投喂变质、发霉的食料，或者吃了病畜禽的血液等，引起蚂蟥减食或不食，不游动，身体瘦小，排泄无常，吸盘无力等症状，不及时治疗即会虚弱而死亡。

据报道，当水源中有机磷浓度达到每升 5～6 毫克时，便可引起水蛭中毒，并易在水蛭体内蓄积，降低药材品质，危害人体。一般情况下，水蛭的生命力较强，基本无疾病。在饲养过程中，只要水源不被化肥、农药及盐碱性溶液污染，保持池、沟里水流进出水口通畅，食物新鲜，及时清除饲料残留物、血液残留物，经常换水，坚持投饵"四定"原则，多喂鲜活饲料，就能养好水蛭。希望水蛭养殖户在饲养过程中，细心照顾，以免发生意外病变，造成不必要的损失。

10.4　水蛭的天敌及防治

水蛭适应性强、发病率极低，目前还未发现暴发性疾病和传染病。因水蛭敌害主要是环境不适合造成的，因此只要给水蛭创造一个良好的生态环境，一般是不会发病的。用尼龙密网在水蛭池的四周建 50 厘米高的防护网，可防水蛭逃跑、抵御敌害。水蛭的天敌主要有老鼠、蛇、青蛙、蚂蚁、水蜈蚣、龙虾、肉食性或杂食鱼类等。田鼠和蛇是水蛭的致命敌害，在整个养殖过程中要密切注意，否则将造成很大的损失。

首先，放种蛭前要用优质石灰彻底清池，除去虾、蟹及鲫鱼、泥鳅等杂鱼，用水要过滤。另外，还应注意预防老鼠、青蛙、蟾蜍等天敌危害。

其次，水蛭养殖池严禁放养乌鱼、鳝鱼，防止水鸟等天敌。水蛭对碱性物质十分敏感，严禁使用氨水，慎用生石灰。防止中毒是在水蛭池周围 100 米之内不要使用或存放农药、化肥、生石灰等，以免毒气吹入池中，引起水蛭中毒死亡。

以下针对水蛭的天敌，介绍几种防治方法。

（1）老鼠是水蛭的主要天敌，常会大量吞食水蛭，尤其是水蛭在岸边活动时，因失去了防御能力而被老鼠吞食。所以要设法在室内外预防和消灭老鼠。

防治方法：

方法一，密封养殖池，加固四周防逃设施，防止老鼠入内。

方法二，在池塘四周撒灭鼠药，下捕鼠器，安装电动捕鼠器。

方法三，可以养猫。因为猫不吃水蛭。

（2）蚂蚁出现的原因是饵料的气味引入，或土中带入。蚂蚁主要危害正在产卵的种水蛭和卵茧。

防治方法：

方法一，土壤消毒。可用高温或太阳曝晒，或用百毒杀消灭蚂蚁虫卵。

方法二，防逃网外周围撒施三氯杀虫酯等。

方法三，用氯丹粉与防逃网外的黏土混合均匀，防止蚂蚁进入。

（3）蛇和水蜈蚣有时可以吞食水蛭。

防治方法：用棍子、渔网将池塘内的蛇清除净，加固防逃网，防止蛇类进入。在进水口处安装铁网、尼龙网，以免水蜈蚣随水进入池塘。

（4）鱼、虾、蟹和水生昆虫的幼虫都是宽体金线蛭幼体的天敌。

防治方法：在室外池塘里投放水蛭之前，用茶饼、巴豆、漂白粉及五氯酚钠等药物清塘杀灭水中的虾、蟹和水生昆虫的幼虫，但不能用生石灰清塘。

水蛭的天敌防治是水蛭养殖必须重视的问题。水蛭由于游动缓慢，水陆两栖，视觉不发达，遇到敌害不知躲避，因此敌害很多，尤其是幼苗期最易受害。因为刚孵出的幼水蛭全身透明、鲜嫩，各种鱼类幼苗及青蛙、水鸟、鸭子、蛇类等都喜食。除了以上天敌外，蜻蜓幼虫，甚至人为因素都能伤害水蛭的成活，影响成活率。

除了了解水蛭的天敌及防治方法外，在养殖水蛭的过程中还要做好以下几点，避免水蛭遭到损害，造成经济损失。

① 养殖池周围加设防护网等围池设施，防止所有危及水蛭生命的动物入池。

② 禁止放养肉食性鱼类，老鱼塘要杀灭野生杂鱼。

③ 蜻蜓幼虫、青蛙主要危害刚孵出不久的幼蛭，是水蛭敌害防治的主要对象。因此，在幼蛭大量孵出季节，一旦发现水蛇、青蛙、老鼠、蚂蚁、水蜈蚣等天敌，要立即捕杀。可采用夜间灯光诱捕，在养殖池中安装 50 瓦以上的诱虫灯，待水生昆虫大量集中在有灯光水面时，用密网捞出杀死。一般不要用药物杀灭，以免毒死水蛭。药物杀灭要求较严，应在专家指导下进行。

④ 尽量使用干净水养殖水蛭。其他养殖用水及河沟里的水一定要经过过滤后使用，喂食的螺类一定要淘洗干净，以防野生杂鱼和水生昆虫侵入。可捕食水蛭的天敌较多，如杂食性和肉食性鱼类、蛙类及水鸟等，应注意防范，鱼蛭混养时应放养鲢鱼。

⑤ 有条件的水蛭养殖场可采用微电网防御入侵的水鸟、鸭子、蛇类等。或者采取全密闭自动化养殖设施防止天敌入侵。

由于水蛭的生命力强，只要保持水质清洁，食物新鲜，及时清除饲料残留物，经常换水，基本无疾病，否则可能导致水蛭发生皮肤病和肠道病。

第11章

水蛭的捕捞、加工及销售

11.1 养殖水蛭的捕捞方法

人工养殖条件下，水蛭一般经过 4~6 个月饲养，大部分长 8~12 厘米、宽 1.5~2 厘米，早春放养或繁殖的幼水蛭，入冬前一般已长至 6~8 克的成体规格，此时已达到商品标准，即可捕捞。水蛭的养殖，是一种新兴的水生动物养殖项目，具有投资少、见效快、效益高的特点。开发水蛭资源有两条途径，一是大规模养殖，二是利用野生水蛭资源，但收获水蛭是这两种途径的最终目的。

6 月份以后，放养的幼蛭（平均每条重 5 克以下）当年 90％以上也能长至成体规格。7 月份以后繁殖出的幼蛭要到次年才能陆续长成。经过两年生长的水蛭可长至 20 克以上，这时干品率提高。采收水蛭一般在冬眠前，一年可进行两次，第 1 次是在 6 月中、下旬，将已繁殖 2 季的种蛭捞出加工出售，第 2 次是在 9 月中、下旬进行，捕捞一部分早春放养的体型比较大的水蛭，未长大的水蛭宜留到第 2 年捕捞。第 2 次于捕捞时，先排一部分水，然后用网捞起。也可在晚间用小捞子捞出，注意全部捕捞后要进行清池。

将打捞出来的水蛭按大、中、小分开，若需留种应选个体大的放入越冬池内越冬，第二年继续繁殖用。个体较小且不到商品规格的也可放入越冬池来年再养，或放入日光温室进行无休眠养殖，以便第二年养到 15 克以上打捞出售。

收获后一般以自然吊干后进行产品初加工，中等的应马上加工成干品后出售。通常每亩鲜蛭产量为 242.5 千克，成本在 3000 元/

亩左右。按目前市场行情，每亩产值约为 12000 元，一亩效益在
9000 元上下。

　　养殖者可以根据水蛭的生长速度和生活习性，从提高养殖效率
和经济效益出发，适时决定采集捕捞。掌握好合适的捕捞方法，就
可以达到事半功倍的捕捞效果，一般水蛭的捕捞方法有采挖收集、
夜间灯光诱捕、器具诱捕、定置网捕捞、拉网捕捞、排水捕捞、机
械捕捞等。

　　水蛭一般采取轮捕与集中捕捞相结合的方法。小面积养殖池和
标准养殖池，水蛭一般都栖息在水草和产卵台内，早晚都可捕捞，
不受时间限制，提起水草即可以摘取，翻动产卵台就可以采收。

　　水域较宽或杂草较少的养殖池，可以放水后采收，也可以采用
如下办法采收。

　　（1）灯光诱捕法　夜间用灯光（灯泡 25～40 瓦）照射水面，
因水蛭有一定的趋光性，感到有光线就会向有光的地方游动，经过
一段时间以后用网捕捞一次，效果很好，适用于少量捕捞。

　　（2）竹筒诱捕法　用直径 10 厘米以上的大竹子，锯成 60 厘米
长，将竹筒剖为两半，除去节间隔，然后将凝固的动物血装入竹筒
内，按竹筒原来的形状将两半合起捆好，放在水蛭经常出入的水
域，插在水池角上让水淹没，使竹筒淹没在水面下 5 厘米处。用棍
棒搅动池水使腥味四溢，水蛭闻到腥味后纷纷游到竹筒内吸吮动物
血，第二天便可在竹筒里捕到许多水蛭。如欲捕捉后做种养殖，应
选个体大而无伤残的水蛭，每亩水面放养 3000～5000 条，每千克
70 条左右为好。用塑料桶装上运输，成活率在 98% 以上。

　　（3）草束捕捉法　把浸过血的稻草捆投入有水蛭生活的水中，
约 20 分钟后捞出稻草捆，水蛭即吸附在稻草捆的动物血上，用生
石灰撒于稻草上，水蛭不久即自行脱落。

　　另外，还可以将干稻草扎成两头紧、中间松的草把，然后将生
猪血（每亩大田用 0.5 千克）注入草把内，横放在大田进水口处，
进水不宜过大。一般以水能通过草把慢慢流入大田为宜。让水慢慢
冲洗猪血成丝状漂散全田，利用血的腥味把田中水蛭引诱到草把中
吸取尚未流出的猪血，待水蛭吃饱、身体膨大时，就很难再爬出来

了。放入草把后 4～5 小时即可取出草把，收取水蛭。如无生猪血，可用鸡、鸭、鹅等畜禽的血液代替，也能收到同样效果。

（4）食物诱捕　也可以将猪、牛、羊血块（或猪肝）用杂草包好，绑缚一块适量重的石头，再绑上一根木棍，便于提取，然后按一定距离分别摆放，插入水中。蛭类闻到气味后很快就聚集到诱捕物（血块或肝）上，每隔一段时间提取一次，反复收取，直至收完。

还可以将猪大肠截成段，套在木棒上，拉开距离插入水田，水蛭即吸附在猪大肠上，隔一段时间即可收取，备好网兜，捕捉前先搅动池水，因水蛭对水的波动十分敏感，水被搅动后水蛭即游来，可趁机捞捕。

或者用一竹筛，上面扎以用纱布包装的动物血或内脏，将筛绑在竹竿末端，手拿竹竿另一端，使竹筛在水池内慢慢移动，当水蛭嗅到腥味时，纷纷进入筛内。再把竹筛提起，即可获得水蛭，该方法适用于不易排干池水和小数量捕捞。

（5）簸箕捕捉法　将猪肺等动物内脏用纱布包好，绑在簸箕里面，然后放在水蛭经常出入的水域，吊入水面下 20 厘米处，水蛭就会进入簸箕摄食，次日提起簸箕，收获颇丰。

（6）振动诱捕　先备好密眼网兜。捕捞前先将池水搅动或搅混（不混也可），蛭类对池水的响动非常敏感，池水被搅动后蛭类很快自动聚集过来，此时可趁机用事先准备好的网兜反复捕捞。

（7）竹筛收集法　将竹筛放上动物的血，在池塘中轻轻拉动后放在岸边，水蛭闻味进入筛内，然后收起。也可将竹筛竹笼裹上纱布，放入血块和动物内脏，放入池塘、湖泊、水沟、稻田中，第二天起收可捕到水蛭。

（8）纱网捕捉法　将纱网涂上动物鲜血后晒干，四个角拴上绳子，放入池底，1～2 小时后将四根绳同时提起，即可捉到水蛭。

（9）丝瓜络捕捉法　若干个丝瓜络或草把串在一起，浸上动物血，晾干后放入水中诱捕，每隔 2～3 小时提出诱捕物一次，抖出水蛭，拣大留小，反复多次，可将池中大部分成蛭捕尽。

（10）地龙捕捉　与抓捕泥鳅、长鱼相似，将地龙放在基地内水中一般 3 个小时后即可捞起。如果是加工干品，则怎么捕捉都可以；如果是来年做种用的，就要将地龙和水蛭一起放在盆、盒等容器内，让水蛭自然离开网，否则极易勒伤水蛭引起死亡。

以上各种捕捉方法反复多次，可将池内大部分成蛭捕尽。捕捞的水蛭，要洗去污垢，用石灰或白酒将其闷死，或用沸水烫死，然后在清水中洗净，晒干或烘干即为成品。

11.2　水蛭的加工方法

水蛭的加工方法有许多种，有生晒、水烫、碱烧、灰埋、酒闷、盐制等方法，加工质量的好坏决定了水蛭售价的高低。目前，药品市场上主要为生晒的清水货和白矾加工的矾货。宽体金线蛭加工方法多采用铁丝或尼龙细绳串起悬空晒干，串制时最好穿水蛭头部，避免水蛭在晾晒过程中个体缠绕。日本医蛭用鱼丝线串晒，菲牛蛭活体保持停食一周后用薄膜包装冷冻。有条件者可将处死的水蛭洗净后采用低温（70℃）烘干技术烘干。水蛭干品易吸湿、受潮和虫蛀，应装入布袋，外用塑料袋套住密封，放在干燥通风处保存，最好放在冷库中储藏。

水蛭干品质量的好坏是影响其出售价格高低的关键因素。成品以呈自然扁平纺锤形，背部稍隆起，腹面平坦，质脆易断，断面呈胶质状而有光泽者为佳。贮藏要置于干燥处，谨防虫蛀。

水蛭的药用价值很高，加工时要采用正确的方法，否则会降低其药效，贮藏加工是水蛭加工中的初加工，是使鲜活水蛭便于保存和运输的加工。可根据实际需要，有选择地选用不同的加工方法。药用加工也叫做炮制。根据不同的药用价值，炮制的方法也不同，以下介绍常用的加工方法。

（1）生晒法　水蛭加工的方法有多种，其中以活体暴晒最为简单，质量也最好。具体做法是在天气允许的情况下，采取生晒法，将水蛭用细线或铁丝串起，悬吊在阳光下直接暴晒至全干。干后收放，该方法对水蛭的药性没有破坏，但时间较长。成品以呈自然扁平状，质脆易断，断面呈胶质状并有光泽为佳。干品易吸潮，在保存过程中应注意防潮。

（2）酒闷法　将高度白酒倒入盛水蛭的容器中，以淹没水蛭为度，然后加盖密封 30 分钟，水蛭即醉死。用双手将蛭体上下翻动，边翻边揉搓，捞出再用清水洗净晒干即可。

（3）水烫法　水烫法是常用的一种加工方法，适合大批量加工。主要是将水蛭杀死，然后晒干或烘干，但对药效有一定的影响。具体操作方法是将洗净捡出杂草的水蛭集中放入盆中，把50℃左右的热水突然倒入盆中，热水要淹没水蛭 3～5 厘米以上，烫 20 分钟左右，等水蛭烫死后随即捞出。如发现有的没烫死，要选出再烫 1 次。清洗后，用铁丝串起，放在干净的地方晒干。干度标准以手折即断为佳。另外，可以把烫死的水蛭放在竹帘子上在太阳光下晒干，也可以烘干。在暴晒期间蛭体易起泡，可用铁钉或竹签扎泡放气。如阴天无法暴晒，易腐臭变质，可放在铁器上用火烘干，但不能烧煳、烧黄。烧干后即放入塑料袋中密封，以防吸潮变霉。

（4）食用碱法　将水蛭置于器皿内，撒入食用碱粉，随即用双手（戴上长胶皮手套）将蛭体上下翻动，边翻边揉擦，在碱粉的作用下，直至水蛭逐渐收缩变小死亡，最后用水冲洗干净。

（5）石灰法　用石灰水淹死水蛭后，除去血液，然后取出来摊平晒干或烘干即成为成品。把捞起的水蛭埋入新鲜石灰粉中，埋20 分钟左右，水蛭即死亡，然后取出晒干或烘干，筛去石灰粉即为成品，用适当粗细的竹签插进水蛭的尾部，将头部翻到尾，去净血，然后晒到八成干，抽出竹签，再晒干。

（6）盐制法　将水蛭放入容器里，放一层水蛭，撒一层盐，直到容器装满为止，然后将盐渍死的水蛭晒干即可。因干品含盐分，故收购价格要低一些。同时含盐会返潮，要注意防潮，最好能及时出售。

（7）草木灰法　将水蛭埋入燃烧后熄灭的柴草灰中，30 分钟后取出，除去柴灰。

（8）烘干法　有条件者，可采用低温（70℃）烘干技术烘干。

（9）烟丝法　将水蛭埋入烟丝中，约半小时后水蛭即死亡，洗净晒干即可。

（10）油水蛭法　把水蛭放入猪油锅内，炸至焦黄色取出，研成末。

（11）焙水蛭法　把水蛭放在烧红的瓦片上，焙至淡黄色时取出，研成末。

（12）滑石粉制　将滑石粉放入锅内，用武火炒热后加入蛭类，不停翻炒，当蛭类被烫成微鼓时取出，筛去滑石粉，放凉干燥后即为成品。

（13）蜜制　取蜜糖用开水稀释后加入水蛭，搅匀焖透后放置锅内，用文火炒至不黏为度，取出放凉。每 10 克蛭，用蜜糖120 克。

（14）泔制　把水蛭用米泔水浸泡一夜，然后放置锅内炒至焦黄色，取出，晒干。

（15）米制　蛭类和米一起倒入热锅中，用文火加热，炒至米呈黄色时取出晾凉，筛去米。每 1 千克蛭类用 0.5 千克米。

（16）烫制　取干净细砂，放置锅内，加热后投入蛭段，然后不停炒拌，炒至蛭膨胀鼓起时取出，筛去砂，放凉干燥，即为成品。

（17）醋制　取干净细砂，放置锅内，炒热后投入蛭类，炒拌至水蛭起泡时取出，筛去砂后再加入适量的醋，吸透，晒干或烘干；也可将蛭类加醋后用锅煮，每千克蛭用醋 0.35 千克，待醋吸干后取出，晒干。

（18）酒制　将蛭类用清水洗净去杂质，泡约 1 小时捞出，晒干。然后用黄酒浸拌均匀，放入锅内，用文火煮透至酒吸尽，取出晾凉，切段，晒干。每千克蛭用黄酒 20 千克。

除以上处理方法外，有条件者，采用风干设备，对大批量的水蛭进行风干，是规模养殖常采用的方法。

以上方法，供参考选用。另外还需注意以下问题。

水烫法在晒的时候易起潮，可边晒边用铁钉或竹尖放气。要选晴天，阴天无法曝晒易腐臭变质。如突然遇阴雨，无法曝晒，要放铁器上用火烧干。但不可烧煳、烧黄。晒干的水蛭装入塑料袋内密封，以防吸潮变霉。干度标准，以手折即断为佳，经 4～7 天即可晒干。

鲜干品比例为大水蛭 3500 克左右可晒 500 克，小水蛭 4000～5000 克可晒 500 克。清水货要求蛭体干燥，大小均匀，无杂质，统货要求不严。

11.3 成品水蛭的质量标准及保存方法

水蛭产品是以质论价，水蛭加工质量的好坏是售价高低的关键。加工后的干品质量要求是要干爽、整齐、呈黑褐色、无杂质。水蛭自然扁平，背部隆起、腹部平坦，质脆易断，断面呈胶质状，并有光泽的为佳品。水蛭制成干品后挂于干燥通风处待售。若暂时不出售时，晒干或风干后的干品应及时装入塑料袋，塑料袋要封闭严密，然后放入纸箱或塑料箱中，箱内再放一些吸湿剂，放在阴凉处妥善保管。收购时按质论价。干品水蛭全国各大药材市场、药材公司及部分制药厂、药店均常年收购，但有一定的地区差价和季节差价。

水蛭的成品好坏与储存方式有着直接关系，为此介绍以下水蛭成品储存方式。

（1）传统贮藏法 传统贮藏法一般多采用缸、瓮等器皿，贮藏时可在缸、瓮等的底部放入干燥的可吸湿防潮的石灰，再隔一层透气的隔板或两层滤纸，将水蛭的干品放入，加盖保存即可。缸、瓮口最好密封，防止蛀虫进入啃食。

（2）现代贮藏法 现代贮藏法一般采用现代化的手段，多用特制塑料袋，配以真空防潮等手段，既可防止水蛭腐败变质，又可防止虫蛀。

不同种药用水蛭加工后的体形不同，给它们分别使用不同的名称。商品水蛭药材分为 3 种，日本医蛭加工出的干品较小，称为"小水蛭"；宽体金线蛭加工出的干品较宽大，称为"宽水蛭"；茶色水蛭加工出的干品称"长条水蛭"。以宽体金线蛭最畅销。现将它们的性状介绍如下，便于辨别真伪。

（1）小水蛭 日本医蛭的干品较细小，因此称为"小水蛭"。呈扁长圆柱形，体长 2～5 厘米，宽 0.2～0.5 厘米。体多弯曲扭转，全体呈黑棕色，由多数环节构成。

（2）宽水蛭　宽体金线蛭的干品较宽大，因此称为"宽水蛭"或"水蛭"。呈扁平纺锤形，略曲折，长5～12厘米，最宽处1～2厘米。前吸盘小，后吸盘大，背面黑棕色，腹面黄褐色。全身有节状环纹。质脆，易折断，味腥臭。

（3）长条水蛭　茶色蛭的干品较细长，因此称为"长条水蛭"。其外形狭长而扁（多数在加工时拉成线状），体长5～12厘米、宽0.1～0.5厘米。体的两端稍细，前吸盘不显著，后吸盘圆大，但两端经过加工后穿有小孔，因此不易辨认。体节明显或不明显。体表凹凸不平，背腹两面均呈黑棕色。质脆，断面不平坦，有土腥气味。

11.4　水蛭的销售

水蛭的制成品可以到药材市场去出售。一般的药材公司、药材收购门市部均可收购。全国各大药材交易市场也有交易，但价格不稳定。一些医院也收购，但用量较小。

水蛭春、夏、秋三季均为产新期，相对价格偏低，冬季比较紧俏，所以保存到冬季销售收益较高。因干品易回潮变质影响销售，故欲养者，务必要与当地收购单位联系好，尽量做到当地养殖、当地销售。

第12章

水蛭的药用及水蛭素

《医学衷中参西录》中记载:"仲景抵当汤、大黄蟅虫丸、百劳丸,皆用水蛭,而后世畏其性猛,鲜有用者,是未知水蛭之性也。"《本经》中讲到:"水蛭气味咸平无毒,主逐恶血、瘀血、月闭,无子、利水道。"清代医学家徐灵胎解释水蛭时说道:"凡人身瘀血方阻,尚有生气者易治,阻之久则生气全消而难治。盖血既离经,与正气全不相属,投之轻药,则拒而不纳,药过峻,又转能伤未败之血,故治之极难。水蛭最善食人之血,而性又迟缓善入。迟缓则生血不伤,善入则坚积易破,借其力以消既久之滞,自有利而无害也。"综合《本经》中的记载和清代医学家徐灵胎的注释,我们能够了解水蛭在医学上的独特作用。特别是徐灵胎所讲迟缓善入者,很多人不解其中的含义。水蛭行于水中,原甚迟缓。其在生血之中,犹水中也,故生血不伤也。着人肌肉,即紧贴善入。其遇坚积之处,犹肌肉也,故坚积易消也。

12.1 水蛭商品药材的性状

水蛭是一味传统的中药,史载于《神农本草经》,历代本草均有记述。中医认为它有破血、逐瘀、通经的功能,历来用于治疗症瘕、痞块、血瘀闭经、跌打损伤。近年来,它的医用研究越来越广泛。干燥水蛭药材性状如下所述。

(1)蚂蟥 呈扁平纺锤形,由多数环节组成,长4~10厘米,宽0.5~2厘米,背部黑褐色或黑棕色,稍隆起,有黑色斑点排列成五条纵纹,腹面平坦,棕黄色。两端各有吸盘,前吸盘不明显,后吸盘较大。质脆,易折断,断面胶质状,气微腥。

（2）水蛭　扁长，圆柱形，体多弯曲扭转。长 2～5 厘米，宽 0.2～0.3 厘米，全体黑棕色。质脆，断面不平坦，无光泽。气微腥。

（3）柳叶蚂蟥　狭长而扁，长 5～12 厘米，宽 0.1～0.5 厘米。体两端均细。背腹面均呈黑棕色。质脆，有土腥气。

此外，四川省还有一种水蛭，为水蛭科动物细齿金线蛭干燥全体，呈扁长条形，长 2～3 厘米，宽 0.3～0.5 厘米，全体呈绿褐色或黑褐色，背有黄色条纹明显者俗称"金边蚂蟥"，也是药用上品。

12.1.1　原药材品种及化学成分的研究

水蛭属高度特化的环节动物。中国药典 2000 年版收载为水蛭科动物蚂蟥、水蛭或柳叶蚂蟥的干燥体。水蛭含大量的蛋白质，其水解氨基酸含量达 49.4%。水蛭唾液中所含的水蛭素是迄今发现的最强的天然凝血酶抑制剂。不同种水蛭分离出的活性成分是不同的，大致可分为两大类，第一类是直接作用于凝血系统的成分，包括凝血酶抑制剂，以及其他抑制血液凝固的物质，如水蛭素、菲牛蛭素、森林山蛭素等；第二类是其他蛋白酶抑制剂及其他活性成分，如溶纤素、待可森等。水蛭主含蛋白质，此外含有 17 种氨基酸，包括人体必需的 8 种氨基酸，还含有锌、锰、铁、钴、铬、硒、镍等 14 种元素。

随着分子生物学和基因工程技术的发展，人工合成大量重组水蛭素得以实现。1996 年罗春贞首次按照水蛭素分子中的氨基酸顺序，设计了水蛭素的基因，实现了水蛭素衍生物基因的克隆，并在大肠杆菌中得到表达。顾银良还设计了特异性更高的水蛭新突变体。随着研究的不断深入，相继发现了在凝血机制不同环节起抑制作用的多种物质。

12.1.2　水蛭药理作用研究

水蛭中的水蛭素是作用最强的凝血酶特异性抑制剂，它不仅能阻止纤维蛋白原的凝固，也可阻止凝血酶催化的进一步血瘀反应。水蛭可抑制高胆固醇血脂的上升，延缓高脂血症与内皮损伤共同导致的动脉粥样硬化斑块的形成，减轻粥样斑块引起的动脉炎管腔狭窄。水蛭也可降低血清胆固醇含量。

从水蛭不同剂量、不同给药途径的实践影响来看，水蛭对急慢性炎症有一定的抗炎作用，并以口服中剂量（每千克 2 克）作用最好。

水蛭素能保护脑细胞，使之凋亡率明显降低，且脑细胞凋亡的发生推迟，对缺血脑细胞起保护作用。早期应用水蛭素可减轻脑出血、脑水肿。同时水蛭素具有抗肿瘤功效，能显著延长肿瘤患者的存活时间。

12.2　水蛭炮制研究

传统的水蛭临床应用，除以活水蛭用于吸吮患部瘀血外，多为粉、丸、煎剂入药。诸多医药论著还强调，水蛭必须经炮制后方能入药。近代以来，除入药的剂型有所拓展外，还主张水蛭生用。对于水蛭入药是生用好，还是炮制后再用，用什么方法炮制能保持其最佳疗效等问题，多年来一直看法各异，至今仍有一些问题需作进一步的探讨。

12.2.1　传统的炮制方法及理论依据

水蛭炮制后入药，首载于《伤寒论》，"抵当汤（丸）"方中所用水蛭均为"熬"。《金匮要略》中"大黄蟅虫丸"所用水蛭为"砂烫"。此后，千余年间所记载的水蛭炮制方法约 20 余种，如清炒、砂烫、石灰炒、滑石粉烫、米炒、米泔水炒、油炙、蜜炙、醋炙等。而且其炮制技术也在不断演变，如汉代《金匮玉函经》中水蛭用熬法炮制，但因直火不易控制，所以宋代《伤寒总病论》中则将水蛭的炮制方法改为米炒法，炒后去米不用。虽经多次演变，但水蛭炮制入药的古训则沿袭下来了。

古代水蛭炮制后入药的理论依据，概括起来主要有四点。

（1）防止水蛭"入脂生子为害"　明李时珍所修《本草纲目》中记载"此物极难修治，须细挫，以微火炮，色黄乃熟。不尔，入腹生子为害"。宋代《类证活人书》中也说水蛭应"熬"，不然"水蛭入腹再生化，为害尤甚"。

（2）降低毒性　古代诸多药著中均称水蛭有毒，如《本草纲目》中谓水蛭"有毒"，《本草经疏》中更言其"有大毒"，于是都在寻求用各种炮制方法来降低其毒性，正如明代《医学入门》中所言"凡药用火炮、汤泡、煨炒者去其毒也"。

（3）矫味　干燥水蛭腥味甚烈，令患者难以承受，因此便将炮制作为矫味的一种措施。早在汉代医书中就记载，水蛭用"暖水洗去腥"。

（4）易碎　水蛭为虫类药，研末甚难，经炮制后则易于粉碎为末。

以上四点中，前两点是古人视为最重要的依据。因此，水蛭炮制后入药，才得以在千余年间沿袭下来，并少有违之。

水蛭经滑石粉烫炮制后应用已有 2000 余年的历史，为传统炮制方法，现为药典法定之方法。《全国中药炮制规范》及湖南等 13 个省市的炮制规范规定，水蛭只以制品入药，不可生用，目的是矫味、易碎、杀死虫卵，便于保管和服用，并能降低毒性，增强散瘀作用。

12.2.2　对传统炮制方法及理论的不同见解

纵观中医药史，对水蛭炮制理论及方法的不同见解早已有之。尤以近代名医张锡纯的论述颇为深刻、全面。他在《医学衷中参西录》中明确地对水蛭传统炮制理论中两个支柱性观点提出了异议。一个是"近世方书多谓水蛭必须炙后方可用，不然则在人腹中能生殖若干水蛭害人，诚属无稽之谈"。另一个是"水蛭最善食人之血，而性缓善入。迟缓则生血不伤，善入则坚积易破，借其力以消既久之滞，自有利而无害也"。"凡破血之药，多伤气分，惟水蛭味咸专入血分，于气分丝毫无损"。张锡纯认为水蛭不伤气、血，因而无需炮制降低其毒性。张锡纯的观点从根本上否定了水蛭必须炮制后入药的理论依据。

现代科学研究已经证明，张锡纯认为服生水蛭会导致"入膜生子为害，诚属无稽之谈"的观点是正确的。在 pH0.95 的环境下能杀死 70％的水蛭。人的胃液的 pH 为 0.9～1.5，加上消化酶的作用，又处于缺氧状态，不要说已经死亡晒干的水蛭药材，就是活水蛭进入胃中也无法生存，更何况药材水蛭的细胞已经死亡，不可能"死而复活"，也就谈不上入腹生子为害了。

关于张锡纯认为水蛭无毒的问题，则源于《本经》。《本经》中记载：水蛭气味咸，平。未言有毒。现代临床应用中也未见毒副作用，加之对一些水蛭制剂进行毒理试验，其结果也表明这些制剂无毒副作用。

总之，对传统的水蛭炮制的理论依据应予以重新认识。目前看，传统方法的前两个观点依据不足，唯矫味、易碎两个作用是可取的。

12.2.3 不同炮制方法对水蛭氨基酸含量的影响

水蛭是虫类药，富含各种氨基酸，所含氨基酸在人体内直接参与合成各种酶和激素，在治疗疾病中发挥着特殊功效。同时，水蛭所含主要抗凝血成分水蛭素是蛋白质肽类，水解后也生成氨基酸。因而测定水蛭氨基酸的含量变化对水蛭评价具有重要作用。实验表明，不同炮制方法对水蛭氨基酸含量有着很大的影响。

根据传统的、结合现代的方法对水蛭进行炮制，用水蛭按规定的清炒、砂炒和滑石粉炒等方法炮制，然后进行氨基酸含量分析。结果表明，水蛭经清炒、砂炒后氨基酸总量较生品水蛭大为降低，分别为生品 24.88％、清炒品 8.65％、砂炒品 5.18％，而滑石粉炒水蛭的氨基酸总量则高于生品，为 66.68％。必需氨基酸总量清炒品、砂炒品也低于生品，滑石粉炒品则高于生品。可见不同炮制方法对水蛭所含氨基酸有很大影响。因此，如水蛭必须经炮制后入药，应选用滑石粉炒法，无特殊要求时，一般在生产水蛭制剂和临床应用时以水蛭生品为宜。

水蛭应用纵有千家百论，但终究以破血逐瘀通络为纲。对不同系统、病位瘀血症的异病同治形成了水蛭广泛应用的基础。随着瘀症的进一步研究，水蛭的药用价值会不断提高。

总之，水蛭是一世界性药物，其药源丰富，药理作用肯定，且无明显毒副作用，在临床上应用很广泛。目前世界上对水蛭的研究方兴未艾。对已发现的成分，如水蛭素，正在进行大规模的临床试验，也即将开发新药。许多水蛭科学家及生化专家，还继续从各种水蛭中探索新成分。如去头水蛭醇提物的抗血栓作用表明，在水蛭中，除唾液中所含水蛭素等活性成分外，尚含有其他的抗血栓成分有待进一步认识。另据报道，水蛭水煎液有较强的抗早孕作用，但其活性成分仍不清楚，有人对其水煎剂进行了简单的分离，初步确定其中的抗早孕性成分是一种蛋白质，但其具体结构及其抗早孕机理有待今后进一步研究。我国在水蛭的药理试验和临床应用方面做了大量的工作，但对其有效成分的分析与国际水平相差甚远，有待同行们的共同努力。

12.3 水蛭素的提取

12.3.1 水蛭素的药理作用

（1）抗凝作用 水蛭素是凝血酶抑制剂，故有抗凝血作用，每毫克水蛭素含 10400 抗凝血酶单位活性。20 毫克水蛭素可阻止 100 毫升人血的凝固。

水蛭素是迄今已知世界上最强的凝血酶特效抑制剂。与凝血酶结合形成非共价复合物。该物极稳定，且反应速度极快。因为水蛭素与凝血酶的亲和力极强，水蛭素的抗凝血活性标准可通过凝血酶来测定。能够中和一个国际单位凝血酶的水蛭素的量，为一个抗凝单位的水蛭素。

水蛭素不仅能阻止纤维蛋白原凝固，也能阻止凝血酶催化的血瘀反应。血液凝固被推迟或完全被阻止，则取决于水蛭素的浓度。

水蛭素比肝素抗凝作用更显著，且较少引起难以控制的自发性出血。用肝素出血的发生率为 5%，而用水蛭素仅为 1%。实践中，用水蛭素、肝素分别为严重心衰病人治疗，两组病人均给予阿斯匹林和组织纤维蛋白溶酶原化剂。治疗时先给一次大剂量药，然后减为小量维持用药 5 天。在首次给药 90 分钟后，水蛭素组及肝素组的病人血流状况改善分别为 65％和 57％，用药 18～36 小时后，分别上升为 98％和 89％。两组病人心脏病再次发作或死亡者比较：肝素组死亡率为 6％，而水蛭素组为 2％；病人日后需接受心脏旁路手术或血管成形术者，水蛭素也比肝素组少，分别为 34％和 51％。

（2）抗血栓作用　水蛭素对各种血栓病均有效，尤其对静脉血栓的作用更明显。在抗栓治疗中，与肝素相比，水蛭素的另一显著优点是不增加抗凝血酶的消耗，肝素与水蛭素都有抑制凝血酶对纤维蛋白质与血小板的作用，但水蛭素与辅因子无关。

12.3.2　水蛭有效成分的提取

水蛭素是水蛭的主要有效药用成分，如何提取水蛭素已成为国内外研究的重点。从现有资料看，一般采用两种方法提取，即用水提取或用有机溶剂提取（包括乙醇、丙酮），其具体办法各异。有的认为醇制剂作用较水制剂强，因而目前从研究与应用上均多向醇提取法方向发展。

（1）提取水蛭素的有效部位　水蛭素主要产生于水蛭的唾液中，当水蛭吸血时，将其分泌出来，阻止血液凝固。因而，实践表明，提取水蛭素的最佳部位在头部。国外有学者在比较了从水蛭头部、去头后的体部及整体水蛭中提取的水蛭素后发现，从头部得到的水蛭素活性最强，从整体得到的活性只有头部的 1/3，而从去头后的体部得到的是伪水蛭素，其化学性质与水蛭素相同，但无抗凝活性。

（2）提取水蛭素的方法

① 用能与水混溶的有机溶剂提取。从水蛭头部提取，将水蛭头部剪下，切成碎片，加以药物提取。

② 用水提取。将水蛭磨成细粉，加以药物提取。

水蛭素的分离，多用离子交换、凝胶色谱分离等方法。如作进一步研究，可以分离提到纯品。

由于提取水蛭素的工艺复杂，有的仅限于实验室，提取量很小。加之众多医学家认为水蛭的有效成分不仅仅限于水蛭素，单用纯品有可能影响疗效，主张提取水蛭有效成分用于临床，所以国内多以提取水蛭有效成分为主。在提取方法上目前多用水提醇沉法，近年来在醇提法方面也有新的进展。

① 水提醇沉法　取水蛭洗净、切断，分别加水 10 倍、6 倍、4 倍，煎 3 次（时间 90 分钟、60 分钟、40 分钟），滤取煎液浓缩至 1∶1，加 95％乙醇沉淀处理 3 次（乙醇浓度达到 70％），醇提取液过滤后，回收乙醇，滤清，加蒸馏水即得。

② 醇提法　取干燥粉碎后的水蛭 50 克，置 500 毫升圆底烧瓶中，加 95％乙醇 250 毫升，以 90℃水浴回馏 14 小时，趁热过滤，残渣加 95％乙醇 250 毫升，继续回馏 1 小时，趁热过滤。合并两次醇滤液，醇滤液用 1 摩尔/升盐酸调至 pH1.3，常温 2000 转/分离心 30 分钟。除去上清液，沉淀物置 37℃水浴上干燥 4 小时，得白色非晶形干粉 11.9 毫克，回收率是 0.0238％（质量分数）。用 0.2 摩尔/升磷酸盐缓冲液 10 毫升（pH7.4）溶解干粉，浓度是 0.119％（克/毫升），滤液用 1 毫升安瓿灌封，流通蒸汽灭菌 30 分钟，即得水蛭提取物。定性实验表明该提取物是蛋白质，体外抗血小板聚集实验证明该提取物对人血小板聚集有显著抑制作用。同时证实该提取物不是含苯环氨基酸和含酚基氨基酸。

12.4　水蛭及水蛭素的毒性

自古以来，水蛭叮人吸血为害被世人所公认。水蛭入药治病，也是医家共识。唯对药用水蛭的毒性看法不一，长期处于争议之中。为有效地发挥水蛭的药用价值，必须对其药性有一个准确的认识。

12.4.1　吸血蛭对人体的伤害及防治

吸血水蛭吸血时分泌水蛭素，不论注入多少，均能抗血液凝固，造成叮咬部流血不止，使人畜受细菌感染而发病。

（1）中毒症状

① 局部症状　微痒、疼痛、流血不止。吸附部位呈丘疹状，常见在下肢腋窝、鼻腔、食道、肛门、阴道和男性尿道等处。水蛭

寄生在体腔时，可因继发感染而创口溃烂、化脓。

②全身症状　一般不明显。如多处咬伤引起出血较多时，可有头晕、心悸等贫血症状。

（2）解救

①取蛭　发现被水蛭叮咬后，首先应设法将水蛭从人体上取出，但切勿用于强行拉拽，以免将水蛭拉断后其吸盘留于创口，反而流血不止，且易继发感染，发生腐蚀性溃疡。

当水蛭叮咬人体伤部时，最简便的方法是用手拍打伤口，使水蛭自行脱落，或用刺激物质如饱和盐水、乙醇、油烟、辣椒水等冲洗叮咬部位，使其自行脱出。

当水蛭叮咬鼻腔、上呼吸道时，应迅速到医院经麻醉后，小心将水蛭取出。或用1％麻黄素溶液收缩下鼻甲，或用1％～2％地卡因喷入鼻腔，减轻病人的疼痛，再用镊子取出。咽喉部、气管内咬伤，可在支气管镜下，用钳轻轻取出。亦有报道用清水将进入鼻腔的蚂蝗引诱出来。

当水蛭寄生于食管时，可口服浓盐水，使水蛭坠入胃中，被胃液消化。如寄生于尿道、膀胱等处，可用浓盐水冲洗。

②止血　将水蛭取出后，被叮咬处常见伤口出血，可用止血棉压迫止血，或用2％麻黄素液和1∶1000肾上腺素棉球止血，必要时使用止血剂。

③包敷　伤口以防腐剂冲洗后，无菌包敷。

④预防破伤风　为防止出现破伤风，可视情一次皮下或肌内注射精制破伤风抗毒素（简称"精破抗"）1500～3000单位。儿童与成人用量相同。伤势严重者可增加用量1～2倍。

经5～6日，如破伤风感染危险未消除，应重复注射。在注射前一定要先做过敏试验，如无过敏反应即在严密观察下直接注射。如有过敏反应，仍需注射者，务必在医生指导下注射。

（3）预防　生活中，人们往往"谈蛭色变"。其实，吸血的蛭类是少数，大多数是不吸血的。为了防止吸血蛭给人造成不必要的伤害，在蛭类较多的地方活动时还是要多加预防。最简单的办法是不喝生水，途经水田、沼泽地带或山谷时穿高腰鞋、靴，或将裤口扎紧，防止水蛭爬上脚腿。必须赤足时，可在腿部涂凡士林、防蚊油或浓肥皂水，每隔3～4小时涂一次。

12.4.2　水蛭的毒性

（1）历代医家对水蛭毒性的认识　自《本经》将水蛭收入药用之后，几千年来，对水蛭是否有毒？毒性大还是小？始终存有分歧，各家众说不一。汇集各家观点，主要有以下四种。

①"有毒"论　最早见于西汉刘向撰《别录》一书中，谓水蛭"苦，微寒，有毒"。明朝李时珍编著《本草纲目》，也称水蛭"有毒"。近代许多中药学专著中亦沿用了这一观点，如北京中医学院编写的《药性歌括四百味话解》（1976年版）；江苏新医学院编写的《中药大辞典》（1977年版）；崔树德主编的《中药大全》（1989年版），以及最具权威的《中华人民共和国药典》（1990年版），都记述水蛭"有毒"。

②"有小毒"论　这类观点多见于近年来的有关论著。如：《辞海》（1979年版）在介绍水蛭的条目中记述"中医学上以虫体干燥炮制后入药，性平、味咸苦，有小毒"；张显臣、张靖华编著的《中药精华》（1990年版），程宝书、周民权等编著的《新编药性歌括四百味》（1993年版），翁维良主编的《活血化瘀治疗疑难病》（1993年版），均在介绍药用水蛭的条目中认为"辛（苦）、咸、平，有小毒"。

③"无毒"论　我国中草药最早的专著《神农本草经》在记述水蛭的性味时说"味咸，平"，未言有毒。近代著名医家张锡纯在其传世名著《医学衷中参西录》中，对水蛭的药性作了长篇论述，认为"凡破血之药，多伤气分，惟水蛭味咸专入血分，于气分丝毫无损"，"不能伤新血"，"自有利而无害也"。同时还针对水蛭"性猛"的观点，说"盖其破瘀血者乃此物之食能，非其性之猛烈也"。周登成编著的《新编中药歌诀》（1975年版）所辑水蛭歌也未言其有毒。与此同时，在许多方剂的试验或临床应用时，也未发现水蛭有明显的毒性。如：由邓文龙编写的《中医方剂的药理与应用》（1990年版）一书中，在介绍含水蛭成分的古代名方"大黄蟅虫

九"的应用时说："本丸毒副作用很小，有服药三年而无明显毒性表现者。"由陈馥馨主编的《新编中成药手册》（1991年版），在介绍由中国中医研究院西苑医院研制的"脑血康口服液"（水蛭为主要成分）时，写道"毒理试验，未发现毒副作用"。此类情况不胜枚举。

④"对体质较虚者有毒"论　朱良春先生曾在其编撰的《虫类药的应用》一书中，对张锡纯先生所言水蛭"不损气分"的观点提出了不同看法，并举例"曾用本品一味治疗血吸虫病人之肝脾肿大，每次服粉0.9克，每日一次。部分体质较虚者，二三日后即出现面色萎黄，异常乏力。检血见红细胞及血色素、血小板数均趋小降，呈现气血两伤之征。而其他有关患者（体质较虚）服用后，亦微见有面色陡然萎黄，并出现精神特别倦乏的感觉。"

（2）近年来人们对水蛭毒性的认识　随着现代医学科学技术的发展，以及临床应用的不断深入，人们对水蛭的"毒性"问题逐步有了更深入的认识，有些可以认为是突破性的进展。近年来，大量的临床实践表明，水蛭入药不论是单方，还是复方；不论是服生粉，还是入煎剂服用；不论是短期服用，还是长期服用，均取得明显疗效，很少见毒副作用。

（3）水蛭素的毒性及不良反应　静脉或皮下注射水蛭素，无明显副作用，对血压、心率及呼吸速率均无影响，无过敏反应。经动物实验，每次给小鼠腹腔内注射1000毫克/千克无不良反应，这相当于治疗剂量的1000倍。给兔静脉和皮下注射10毫克/千克同样无副作用。

第13章

水蛭的产品应用和药用偏方

13.1 水蛭的药用偏方

随着对水蛭研究的日益深入，水蛭被广泛应用于多种疾病，疗效显著，现将近年来的水蛭临床应用综述如下。

13.1.1 水蛭的药用剂型

水蛭入药的历史远久，其药用剂型很多，近年来又有新的发展，从目前国内临床应用与各制药厂制备生产的情况看，主要剂型有：

（1）内服类

① 汤剂　又称为煎剂，是水蛭及配伍药材加水煎煮，滤去药渣的液体制剂。即按规定称取药材饮片，置于适当的容器中（一般为沙锅），加水浸泡药材 10～15 分钟，加热煮沸，然后减火，保持微沸，煎煮约 30 分钟，将煎液倾出，药渣再煎煮一次，两次煎液合并混合即得。煎煮中，如医嘱对煎煮提出要求，则应按医嘱办。

② 散剂　指水蛭及配伍药物混合而制成的干燥粉末状制剂。既可口服，亦能外用。制备方法为，取干品药材，粉碎，取细末过80～100 目筛，即得。生水蛭一般为末甚难，可晒干或在 30～40℃的炉台上烘干，切勿用旺火炒。如医嘱中规定水蛭需炮制，则按要求炮制后粉碎。

③ 胶囊剂　指水蛭粉或含水蛭成分的药粉装于两节嵌成的空心胶囊中。胶囊剂有药厂生产的，也有医院药房制备的，家庭亦可自制。

④ 片剂　指水蛭及配伍药材经加工压制成片状的药品。即将规定药物粉碎后与辅料混合均匀，压制而成。水蛭干品味腥，一般在压制片（也称片心）外包有衣膜，俗称糖衣片。

⑤ 丸剂　指水蛭及配伍药材细粉加黏合剂制成的圆球状药品，分为蜜丸、水丸等，水蛭所制丸剂一般多为蜜丸。即将规定药材粉碎后，过80～100目筛，炼蜜（100～110℃），蜜凉至60℃后，将药粉与蜜混合，搅拌均匀，按规定的重量制成丸，可根据需要用蜡纸包封。

⑥ 口服安瓿剂　俗称口服液，指以汤剂为基础，提取水蛭及配伍药材的有效成分，加入矫味剂，制成的一种口服药品。其制备方法为水提醇法或醇提法。

（2）外用类

① 散膏剂　指水蛭及配伍药物与适宜基质制成有适当稠度的膏状外用制剂。

② 酊剂　指水蛭及配伍药材用规定浓度的乙醇浸出或溶解而制成的澄清液体剂型。即取水蛭及其配伍药材，研末，混合置于容器内，加入规定量和规定浓度的乙醇，密封振荡，按规定时间浸渍，提取上清液即得。

③ 糊剂　指水蛭及配伍药材制成的含有多量粉末的半固体外用剂型。即含多量粉末的软膏剂。其制备方法与软膏剂略同。

④ 滴眼剂　指用水蛭及与之配伍药材形成供滴眼用的澄明溶液或混悬液剂型。制备方法为，将活水蛭放于清水中2～3天，去掉蛭身上的泥土和吐出的腹内垢质，以蒸馏水冲洗2～3次，称重后放入纯蜂蜜中，蜂蜜与水之比例为1∶2.5或1∶3。浸泡6～8小时，过滤，取棕色透明液，在0℃下置于3～5天即得。

⑤ 栓剂　亦称坐药或塞药，是由水蛭及配伍药物和适宜的基质制成，供腔道给药的一种固体剂型。栓剂在常温下为固体，塞入体腔后，在体温作用下能迅速溶化或软化而释放药物。我国汉代以前就已经有中药栓剂。

13.1.2　水蛭的药用剂量、禁忌与配伍

（1）剂量问题　水蛭在桃仁、虻虫、蟅虫等同类药中，"其破

瘀血之功独优",因而历代名医留下了许多以水蛭为主的方剂,给水蛭药用剂量的探讨留下了宝贵的财富。但是,由于对水蛭是否有毒的争议由来已久,所以,与其他药物相比,水蛭入方量很少,而且用量较小。有关资料记载的水蛭用量是:《中华人民共和国药典》(1990年版)规定每次1.5～3克;《活血化瘀治疗疑难病》每次用3～5克,为末冲服每次0.3～0.5克;《中药大辞典》指出内服,入丸、散,1.5～3克;《中药大全》说不宜多服,入煎一般用1.8～4.5克,抗瘀时最多用6～9克,入散剂用0.3～0.6克,最大量1.5～2.4克;《新编药性歌括四百味》的用量为3～6克,煎汤内服,焙干研末吞服,每次0.3～0.5克;《中药精华》中用3～6克。

近年来,由于对水蛭的"毒性"有了新的认识,不仅入药时多以生品为主,而且有的还主张以吞服水蛭粉为宜,其用量也出现逐渐加大的趋势。而且各个剂量在服用过程中均收到良好效果,并未见任何毒副作用。由此可见,水蛭的用量应因人而异、因病而异,对症下药,既不能墨守成规,又不能盲目使用,应在继承的基础上大胆探索,走出新路。

(2)禁忌问题 水蛭在活血破瘀方面有其殊功,但在使用中也要严格把握好禁忌,以利于治病,勿出现"致病"。由于水蛭功用为活血破瘀,难免对孕妇产生一定影响。故对孕妇用药当慎之又慎,以免带来不良影响。

(3)水蛭的配伍 现代研究及临床实践都表明,水蛭为破血化瘀之良药,其疗效强于其他破血化瘀类中药。有实验将4种破血化瘀药对犬外周血流量的影响作了测定(表13-1),结果表明,给药10分钟后,水蛭对三项指标的影响尤为突出,故为破血化瘀的首选药。

表13-1　4种破血化瘀药对犬外周血流量的影响　　　　单位：%

药物	实验次数	血流量峰值增加值	10分钟内总血流量增加值	血管阻力减少值
水蛭	4	392	43.2	78.4

药物	实验次数	血流量峰值增加值	10分钟内总血流量增加值	血管阻力减少值
莪术	4	252	36.0	66.4
桃仁	4	234	30.0	65.4
三棱	3	149	17.0	50.4
生理盐水	6	10	−3.1	4.4

水蛭的药用除以单味制成粉、片、丸、胶囊、口服液、注射剂用于临床外，应用最广泛、最多的是复方制剂。临床上，瘀血有新久、虚实之分，血瘀证常兼有气虚、气滞、血虚、热邪等，故众医家历来十分重视在辨证的基础上，重水蛭的配伍使用，以求取得最佳疗效。常用的配伍有以下几种：

① 理气化瘀　气行则血行，气滞则血瘀。水蛭配柴胡、枳壳、香附、厚朴等理气药，有加强化瘀药功效的作用。

② 益气化瘀　气血不足以推动血液运行而发生血瘀时，水蛭配黄芪、人参、白术等补气药，有助血行攻瘀的功能。

③ 温阳化瘀　血遇寒凝，得温则流。水蛭配桂枝、独活、附子、细辛等温经散寒药，有助于攻寒邪引起或有阳虚之血瘀。

④ 祛痰化瘀　痰瘀同源，疾浊阻遏经脉造成或加重血瘀。水蛭配瓜蒌、半夏、苍术、南里等，破瘀与祛痰同用。

⑤ 滋阴化瘀　有阴虚及血瘀证候时，水蛭配麦冬、白芍等滋阴潜阳药，使瘀血得化，阴液得复。

⑥ 清热化瘀　血瘀证而又有热毒，水蛭配金银花、丹皮、连翘、犀角等，共奏祛瘀清热之效。

⑦ 软坚化瘀　血瘀积滞症瘕，水蛭配海藻、昆布、鳖甲等，软坚散结。

⑧ 利水化瘀　血瘀又有浮肿、小便不利者，水蛭配车前草、茯苓、泽泻等，化瘀利水合而治之，相得益彰。

⑨ 祛风化瘀　血瘀而有风寒邪者，水蛭配羌活、秦艽、海桐皮等，祛风化瘀。

⑩ 通下化瘀　血瘀又兼见腑气不通，热结于里证候时，水蛭配芒硝、番泻叶等，以通下逐瘀。

⑪ 止血化瘀　血瘀而伴出血时，水蛭配三七、土大黄等，攻瘀止血兼用。

除此之外，临床中还有一些经验之谈亦能给人以启发。

① 水蛭合鸡内金增疗效。鸡内金有善通血、善消瘀积之功效，是消化瘀积之要药。用其治病属脏器疗法。因而水蛭合鸡内金同用，则能加强破血消症功效，鸡内金用量一般为 9 克。

② 除以水蛭为组方外，亦有以其他汤、丸剂伴水蛭服用治疗。

③ 水蛭与西药配合应用。在中西医结合治疗中，常以水蛭与西药配合治疗，收到了良好的疗效，并未发现有任何副作用。如治疗冠心病时，服用"水蛭片"及"硝酸甘油片"，总有效率为90％。治疗肺源性心脏病时，一方面服用水蛭复方煎剂，另一方面用西药青霉素、庆大霉素静滴，治疗 62 例，总有效率91.2％。以上无疑也是活用、巧用水蛭治病的有益尝试。

④ 用水蛭破血逐瘀时，方中还可加用其他同类药物，如虻虫、桃仁、三棱、莪术、蟅虫等，以助其功效。

⑤ 血瘀在下时，宜加牛膝，引血下行。

13.2　水蛭的临床应用

13.2.1　活水蛭的临床应用

据《本草纲目》记载，治疗"赤白丹肿"用"活水蛭十余枚，令啮病处，取皮皱肉白为效。如冬月无蛭，地中掘取，暖水养之令动。先净人皮肤，以竹筒盛蛭合之，须臾咬啮，血满自脱，更用饥者。痈肿初起同上方法"。距今一千三百多年前有"药王"之称的名医孙思邈，见一病人右眼被打伤充血，肿如核桃，即取水蛭置于红肿处，令其吸出瘀血，治愈病人。

近年来，国内外文献中均有将医蛭吸血法用于成形和显微外科临床，并取得较好效果的报告。

13.2.2　水蛭的临床应用

（1）急性心肌梗死　因缺血所致心内膜下心肌的病变，是由可逆到不可逆损害的转化过程。冠状动脉梗阻时，坏死病变可向心外膜下心肌扩张发展，形成透壁性坏死，如在6小时内冠脉能再灌注，则心肌可恢复正常形态及代谢。水蛭素能有效地溶解凝血酶所致的血栓，消除阻塞，促进冠状动脉再通畅灌流。

（2）急性肾功能衰竭　各类型肾脏病变除免疫机制参与外，与血液凝固机制紊乱有密切关系。常伴有血液凝固因子与纤维蛋白溶解抑制因子增加，血小板代谢异常，聚集功能和释放反应亢进，加重肾小球的损害。水蛭素有降低红细胞压积、全血比黏度和红细胞电泳时间以及延长凝血酶原时间的作用，故可防治初发期急性肾功能衰竭。主要机理是改变血流量和高凝状态，从而改善肾血流，局部给予水蛭素能够预防透析病人动静脉瘘的堵塞。

（3）周围血管血栓性阻塞　水蛭素溶栓作用良好，在合理剂量范围内，无出血危险。

干水蛭入药历史悠久，疗效确切。对其药效解释，不宜简单借用国外对活水蛭研究的某些结论。鉴于蚂蟥是水蛭主流药用品种的事实，现代研究应注意其化学、药理等基础研究。

水蛭对多种因瘀血所致的疑难杂症疗效确切、安全无毒。临床中似不必拘于有毒、性猛、慎用等传统认识而限制其应用。但水蛭煎服味劣，应用近代科学技术，改进其入药形式，应引起人们的注意。

中医临床应用研究，是近十几年我国水蛭研究中最活跃的领域，证明其在多种因淤血所致的疾病中疗效确切。适应证涉及心脑血管、肝、肾和血液病变，妇、男科疑难症，外伤疼痛以及呼吸、神经系统和癌症等，可见于全国医药期刊的临床报道概况。除内服应用外，水蛭还有大量外敷制法，这里不再赘述。水蛭应用纵有千家百论，但终究以破血、逐淤、通经为纲。对不同系统、病位瘀血症的异病同治，形成了水蛭广泛应用的基础。随着瘀症的进一步研究，水蛭的药用价值会不断提高。

水蛭养殖技术
SHUIZHI YANGZHI JISHU

→ 参考文献

[1] 刘明山．水蛭养殖技术．北京：金盾出版社，2002.

[2] 王冲，刘刚．水蛭的养殖与加工技术．武汉：湖北科学技术出版社，2002.

[3] 李庆乐．水蛭人工养殖技术．南宁：广西科学技术出版社，2002.

[4] 于洪贤．水蛭人工养殖技术．哈尔滨：东北林业大学出版社，2001.

[5] 马建创．水蛭的人工饲养．北京：中国农业出版社，2001.

[6] 安瑞永等．水蛭僵蚕．北京：中国中医药出版社，2000.

[7] 向前．图文精解养水蛭技术．北京：中原农民出版社，2005.

[8] 牛祝琴．水蛭的临床应用．北京：人民军医出版社，1994.

[9] 秦玉广，陈秀丽，王兰明等．水蛭生物特性与养殖技术．齐鲁渔业，2006，09：31-32.

[10] 赖春涛，陈建平，李丽琼．水蛭实用养殖技术．水产科技，2006，01：24-27.

[11] 张建军．北方地区水蛭的人工养殖技术．黑龙江水产，2011，02：20-21.

[12] 王刚，张平．城乡庭院水蛭养殖技术．科学养鱼，2011，05：32-33.

[13] 高山．水蛭的生态养殖与加工．水产养殖，2011，11：45-46.

[14] 沈学能．水蛭网箱养殖技术．科学养鱼，2011，11：31.

[15] 王兴礼．药用水蛭的养殖技术．黑龙江畜牧兽医，2003，11：56-57.

[16] 高明，侯建华，李双安．水蛭人工养殖技术研究进展．黑龙江畜牧兽医，2013，05：17-19.

[17] 张言彬．水蛭的人工养殖及加工技术．农村养殖技术，2006，03：19-21.

[18] 韩岚岚，洪峰，王海龙等．水蛭人工养殖及加工技术．黑龙江畜牧兽医，2006，04：86.

[19] 黄菊林．茭白田、稻田养殖水蛭效益高．农村百事通，2006，07：49-50，91.

[20] 刘德建，郑伟力，郑丽华．池塘水蛭养殖技术研究．北京水产，2006，06：25-26.

[21] 马士锋.药用金线水蛭的人工养殖.科学种养,2006,08：38-39.

[22] 姜明峰.水蛭的池塘人工养殖技术.安徽农学通报,2007,16：233.

[23] 李庆.水蛭池塘养殖技术.现代农业科技,2008,17：267.

[24] 蔺莉,吕铭辉,刘洪尊."水蛭-莲藕-田螺"循环养殖新模式.农村新技术,
      2012,04：22-23.

[25] 秦建生,潘桂成,吴俊堂等.水蛭人工养殖技术试验.河南水产,2010,04：
      38-39.

[26] 王权,王广成,张乐涛.北方水蛭养殖技术初探.齐鲁渔业,2005,06：12-13.

[27] 王权,王广成,张乐涛.北方水蛭养殖技术.中国农村科技,2005,07：31-32.

[28] 何丽梅.水蛭养殖的技术要点.黑龙江水产,2003,02：1-5.

[29] 郭巧生.水蛭的野生资源保护与人工养殖.中药研究与信息,2001,02：23-24.

[30] 张秀学.水蛭的人工养殖.中国中药杂志,1995,02：82-83.

[31] 丁乡.水蛭的养殖及加工技术.水产科技情报,2003,03：144.

[32] 毕锦云.水蛭庭院养殖的四个关键环节.特种经济动植物,2004,02：17.

[33] 张长威.浅谈水蛭的人工养殖.农村实用技术与信息,2006,02：29.

[34] 周礼文.水蛭养殖技术.内江科技,2002,01：41.

[35] 叶保华.药用水蛭养殖技术.河北农业科技,2001,08：40-41.

[36] 王树林.水蛭生态养殖技术.河北渔业,2001,04：15-16.

[37] 张秀学.水蛭及其人工养殖.水产科学,1995,05：38-39.